JN017565

確実に成果を出す「業務変革型DX」の進め方

水田 哲郎、福永 竜太 著

日経コンピュータ

はじめに

　筆者らは長い間、お客様企業がITを活用した業務変革に取り組む際のお手伝いをしてきました。これまで、ERP、SCM、CRMなど様々なテーマに取り組んできましたが、近年、お客様からのご相談に乗ったりお手伝いをしたりする機会が急激に増えているのが、DX（デジタルトランスフォーメーション）です。

　DXは「企業が競争優位を確立するために、データとデジタル技術を活用して、新しい事業の創造や現行業務の変革に取り組むこと」です。ここでのデジタル技術とは、センサー、無線通信、クラウド、AI（人工知能）、ロボティクスなど、アナログ情報をデータ化して活用する技術です。デジタル技術は近年、高性能化や低価格化が進み、幅広い用途で活用できるようになりました。

　DXは新しいサービスの立ち上げや新しい市場に参入する「事業創造型DX」と、業務を変革して生産性を向上したり新たな付加価値を創出したりする「業務変革型DX」の2つに分けられます。企業にとってはどちらも重要な取り組みですが、様々な現場部門を対象にして取り組みを進めているのが業務変革型DXです。

　業務変革型DXは、デジタル技術を活用することで、これまで情報システムが大きな効果を上げてきた管理業務や間接業務だけでなく、むしろ営業、設計、製造、物流などの直接業務で大きな効果を発揮します。

　デジタル技術は、現行業務を改善する道具としてだけでなく、従来の業務のやり方を抜本的に変える実現手段として用いられることが少なくありません。

　このように業務変革型DXは、現場の直接業務も対象として、業務のやり方を抜本的に変えてしまう取り組みです。そのため成功には、従来のシステム化とは異なる考え方、進め方を理解して推進することが重要です。

　本書は、業務変革型DXに取り組む企業のシステム部門や企画部門、ITベンダーの皆さんに、業務変革型DXを推進する際の考え方や進め方をご

紹介するものです。

　まずChapter1「業務変革型DXの成功ポイント」で、業務変革型DXとは何か、それを成功させるためにはどういう考え方、進め方で取り組むかをご紹介します。

　次にChapter2「業務変革型DXの実現内容の決定」では、業務変革型DXで「何のために、何をデジタル化するのか」を検討する際の具体的な進め方（手順、ワークシート、体制など）をご紹介します。

　Chapter3「業務変革型DXの定着化」では、業務変革型DXで検討した新しい業務やシステムを、事業部門に展開して定着化する方法を取り上げます。

　さらにChapter4「業務変革型DXの推進体制」では、業務変革型DXを企業が全社的に推進する際に必要な組織やその役割、備えるべきメンバーをご紹介します。

　Chapter1からChapter4は、興味を持って読んでいただけるように、筆者らの実際の経験を基に作成した架空の事例を使って解説します。

　最後にChapter5「業務変革型DXの成功事例」では、京セラドキュメントソリューションズ、日立製作所大みか事業所での業務変革型DXの成功事例をご紹介します。

　本書でご紹介する内容は、筆者らがDXプロジェクトのお手伝いや、お客様企業の様々な立場の方々との意見交換を通して培ってきたノウハウを形にしたものです。本書でご紹介する内容が、少しでも皆さんのお役に立つことができれば、これ以上の喜びはありません。

2021年6月

日立コンサルティング

水田 哲郎

福永 竜太

確実に成果を出す「業務変革型DX」の進め方

目 次

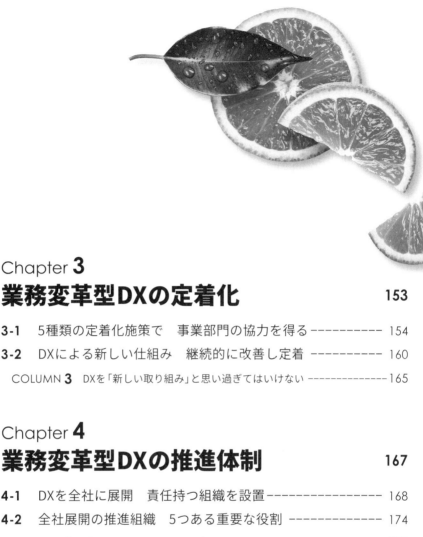

Chapter

1

業務変革型DXの
成功ポイント

DIGITAL TRANSFORMATION

1-1

「DX」は何を意味するか
2つの取り組みとIT基盤

多くの企業が注目するデジタルトランスフォーメーション（DX）。
新しい事業を創造する取り組みと、業務を変革する取り組みに分かれる。
DXでの2つの取り組みとDXを支えるシステム基盤を解説する。

　近年、「デジタルトランスフォーメーション（DX）」というキーワードが注目を集めています。多くのメディアに取り上げられ、「DX」というキーワードはビジネスマンだけでなく学生から高齢者まで広く認知されています。一方で、「DX」が何を意味するのかについては、あまり理解されていないようです。

　経済産業省が2018年に発表した「DX推進ガイドライン」では、DXを「企業がビジネス環境の激しい変化に対応し、データとデジタル技術を活用して、顧客や社内のニーズをもとに、製品やサービス、ビジネスモデルを変革するとともに、業務そのものや、組織、プロセス、企業文化・風土を変革し、競争上の優位を確立すること」と定義しています。

　要約すると「企業が競争優位を確立するために、データとデジタル技術を活用して、新しい事業の創造や現行業務の変革に取り組むこと」です。

　DXが注目される背景は大きく2つあります。1つは国内市場の成熟化、グローバル化の進展、競合企業との競争激化、労働人口の減少などにより、企業には更なる生産性向上や新たな付加価値の提供が求められていること。もう1つはインターネット、スマートフォン、センサー、無線通信、クラウド、

企業が業務変革型DXに取り組む背景
DXの取り組みが広がる

国内市場の成熟、グローバル化の進展、競合企業との競争激化、労働人口の継続的減少	スマートフォン、センサー、無線通信、クラウド、AIといった新技術が次々と登場し高性能・低価格に

企業にはさらなる生産性向上や新たな付加価値の提供が求められている	アナログ情報をデジタル化して活用するインフラ(デジタル技術)が整う

データとデジタル技術を活用して、新しい事業の創造や現行業務の変革(DX)に取り組む企業が急増

AI(人工知能)、ロボティクスなどの画期的な新技術が次々と登場したうえで高性能化・低価格化が進んだことです。これにより、人の行動や動作、設備・機器の状況や状態など、従来のシステムが管理対象としてこなかったアナログ情報をデジタル化して活用するインフラ(デジタル技術)が整いました。

DXの2つの取り組み

DXの取り組みには大きく2つのタイプがあります。1つはデジタル技術を使って新しいサービスを立ち上げたり、新しい市場に参入したりする「事業創造型DX」。もう1つは既存事業の生産性を向上したり新たな付加価値を創出したりするために現行業務を変革する「業務変革型DX」です。

事業創造型DXの代表的な例は、オンライン診療やオンライン学習です。

これらの新しいサービスは、これまで病院でしか受けられなかった診療サービスや、学校や学習塾でしか受けられなかった学習指導サービスを、デジタルカメラ、音声装置、無線通信、クラウド、AIなどのデジタル技術を活用することで、場所を選ばずに提供するものです。これにより消費者の通院や通学にかかる負担は大幅に軽減されました。

　一方、製品の保守サービスの生産性を向上するスマートメンテナンス（SM）などの取り組みは業務変革型DXの代表例です。SMではデジタル技術を活用することで、製品が故障した際の状況確認や原因究明、対策検討を離れた場所から行うことを可能にしました。これは保守サービスの生産性を上げるだけでなく、製品の修理や復旧を早期化するメリットもあります。

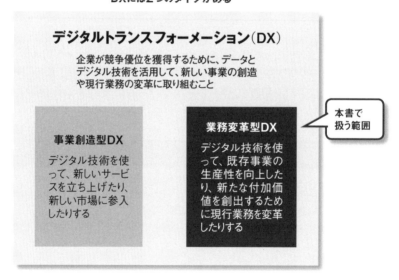

DXの取り組みの分類
DXには2つのタイプがある

デジタルトランスフォーメーション（DX）

企業が競争優位を獲得するために、データとデジタル技術を活用して、新しい事業の創造や現行業務の変革に取り組むこと

事業創造型DX

デジタル技術を使って、新しいサービスを立ち上げたり、新しい市場に参入したりする

業務変革型DX

デジタル技術を使って、既存事業の生産性を向上したり、新たな付加価値を創出するために現行業務を変革したりする

本書で扱う範囲

本書の対象は「特定業務の変革」

さらに、企業が業務変革型DXで取り組むプロジェクトには、大きく2つのタイプがあります。

1つは企業活動を構成する「生産」「物流」「調達」「設計」「営業」といった特定業務の生産性や品質の向上を目的に、そこでの問題・課題を分析し、デジタル技術を使った解決策を網羅的に検討して実行する「特定業務変革プロジェクト」です。

もう1つは「センサーを使って物流倉庫にある在庫量を自動算出する」「デジタルカメラを使って店舗での商品陳列を指示・確認する」といった、表面化している問題の解決策を短期間で導入する「特定施策導入プロジェクト」です。

本書では、多くの企業が組織的な取り組みを進めている、業務変革型DXでの特定業務変革プロジェクトを進める際の考え方や進め方を解説します。

DXを支えるシステム基盤

DXでは、デジタル技術を活用した新しいシステム基盤により新しい業務の仕組みを構築します。DXのシステム基盤は、大きく(1)収集基盤、(2)蓄積基盤、(3)分析基盤、(4)活用基盤の4つに分類されます。

(1)収集基盤

収集基盤は、設備・機器の状態や、人の行動や動作を取り込んでデータ化し、蓄積基盤に送信する基盤です。設備・機器や人、周辺環境の状態を取り込んでデータ化する「センサー」、画像や音声を取り込んでデータ化する「デジタルカメラ」や「音声装置」、特定の周波数でデータを送受信する「無線通信機器」などが収集基盤で使われる代表的なデジタル技術です。

11

（2）蓄積基盤

　蓄積基盤は、取得した多様なデータを蓄積する基盤です。インターネットなどのネットワーク経由でデータを提供する「クラウド」、多種多様な生データを元の形式のまま保管する「データレイク」、データを用途や目的に応じて利用しやすい形で格納する「データマート」、形式の異なるデータを同一環境で使えるように編集する「加工・変換ツール」などが代表的な技術です。

（3）分析基盤

　分析基盤は、蓄積したデータを分析して、判断に必要な情報を生成して提供する基盤です。高度に知的な作業・判断を人工的システムで行う「AI」、蓄積されたデータを利用者が用途に応じて分析・加工する「BI（ビジネスインテリジェンス）ツール」、多量の数値データから最適な条件を算定する「最適化ツール」、データを一覧やグラフなど視覚的に表示する「ダッシュボード」などが代表的な技術です。

（4）活用基盤

　活用基盤は、分析基盤で生成した情報を活用し、人と共同で、もしくは人に代わって処理する基盤です。人の代わりに何らかの作業を自律的に行う「ロボット」、身に着けて持ち運んで使用する「ウエアラブル端末」、現実世界の映像や音声などとコンピュータ情報を組み合わせて表現する「AR（拡張現実）／VR（仮想現実）」などが代表的な技術です。

DXを支えるシステム基盤

DXのシステム基盤は
（1）収集基盤、（2）蓄積基盤、（3）分析基盤、（4）活用基盤で構成される

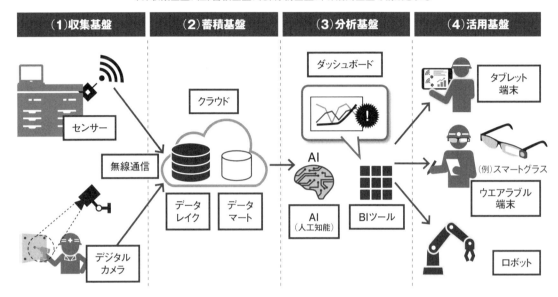

1-1のポイント

- DXとは、企業が優位性を確保するために、データとデジタル技術を活用して新しい事業の創造や現行業務の変革に取り組むこと。
- DXは、新サービスの立ち上げや新市場に参入するための「事業創造型DX」と、既存事業の生産性や付加価値を向上するための「業務変革型DX」に分かれる。
- 業務変革型DXは、課題や解決策を網羅的に検討・実行する「特定業務変革プロジェクト」と、特定の解決策を導入する「特定施策導入プロジェクト」に分かれる。
- DXで構築するシステム基盤は、（1）収集基盤、（2）蓄積基盤、（3）分析基盤、（4）活用基盤の4つに分類される。

1-2

PoCで終わらせない 7つの成功ポイント

業務を変革するためにDXに取り組む企業が急激に増えている。
成果を上げる企業が登場する一方で、うまくいかない企業も多い。
DXを成功させるための7つのポイントを解説する。

　本書では、「生産」「物流」「営業」といった特定の業務の生産性や品質を向上するために解決すべき課題を分析し、デジタル技術を使った解決策を網羅的に検討して実行する「業務変革型DX（以下、DX）」の考え方、進め方を解説します。

　DXについては、まだ多くのITエンジニアはDXの経験が乏しいため、どう進めてよいのか戸惑っているケースが散見されます。ここからは、架空のITベンダー、日経ITソリューションズの中堅SE、村山さんが担当したDXの事例を用いて学んでいきましょう。

　202x年2月、日経ITソリューションズのSEである村山は顧客企業のマイルス精工に出向いた。IT部の松本部長に呼ばれたからだ。会議室に入ると、松本部長が用件を切り出した。
「当社で、工場を対象にDXプロジェクトを立ち上げることになった。4月に要件定義を始めるので、検討を手伝ってほしいんだ」
　松本部長が穏やかな表情で言った。
「DXプロジェクトですか…」

日経ITソリューションズの
中堅SE
村山

村山の先輩で
超上流工程のエキスパート
工藤

日経ITソリューションズの顧客
マイルス精工の
松本IT部長

　村山は内心穏やかではなかった。DXを担当した経験はなく、言葉を知っている程度だったからだ。動揺を見せないよう、松本部長からプロジェクトの目的や対象範囲、制約条件を一通り確認した。

　マイルス精工は、X線撮影装置、超音波診断装置などの医療機器を製造・販売する、売上高2000億円、従業員3000人の精密機器メーカーだ。IT部には40人が在籍する。松本部長は経理部出身で、6年前にIT部に異動し3年前に部長に就任した。将来の役員と見られている。

　村山は5年前からマイルス精工を担当しており、松本部長に評価されていた。過去の誠実な仕事ぶりを見込まれて、DXプロジェクトを手伝ってほしいと依頼されたのだ。しかし自信の無い村山は、持ち帰って検討すると伝えそそくさとマイルス精工を後にした。

「まずいな…あの人に相談しよう」

　村山が頼ったのは、日経ITソリューションズで超上流工程のエキスパートとして名の通っている先輩SEの工藤だ。工藤は20年以上にわたり数多くの超上流工程案件を担当し、そのノウハウを他のSEに伝えるべく手法の開発や社内研修にも力を入れていた。

　村山は5年前に社内研修で工藤の講義を受けてから親しくなり、たまに相談に持ってもらう間柄だ。マイルス精工の以前の案件でもアドバイ

スをもらっている。今回も電話をすると、快く相談に乗ってくれるという。

　翌日2人は会議室で会った。村山が経緯を伝えると、工藤は笑顔になった。

「おめでとう！DXは多くの企業が注目している取り組みだ。うちの部にも最近、支援依頼が多いよ」

「ですが、正直言ってDXの知識がほとんどなくて…」

　不安な表情を見せる村山に工藤は穏やかな表情で言った。

「それじゃあ、まずDXが何をすることかを説明しよう」

　改めて業務変革型DX（以下DX）について説明します。DXは「アナログ情報をデジタル化して活用することで業務のやり方を変革し、生産性を高めたり新たな付加価値を創出したりする取り組み」を指します。

　ここでいうアナログ情報とは、人の行動・動作、設備や機器の状況・状態など、従来のシステムが管理対象としなかった情報です。センサー、無線通信、クラウド、AI（人工知能）、ロボティクスなどのデジタル技術が急速に進化したとこで、企業は日常の業務活動でアナログ情報を活用することができるようになりました。

　労働人口の減少や熟練社員の高齢化が進む日本企業では、アナログ情報をデジタル化して活用し、業務の標準化や効率化を進めることが特に有効だと考えられています。

　それでは再び村山さんのストーリーに戻ります。

「工藤さん、ありがとうございます。DXが何をする取り組みで、なぜ注目されているのかを理解できました」

　表情が和らいだ村山に、工藤は説明を続けた。

「DXに取り組む企業は増えているし、成果を上げている企業も出てきて

いるよ。一方で、うまくいっていない企業も多いんだ」

「なぜでしょう？」

「DXは従来のシステム化と異なる点が多い。それを理解して進めないと、現場が付いてこないんだ」

「DXは簡単ではないということですね。DXを進める際には、どういう点に気を付けるべきでしょうか？」

　不安げな表情に戻った村山を励ますように工藤は自信たっぷりに続けた。

「大丈夫。DXを進めるときに注意すべき点を説明しよう」

DXを成功させる7つのポイント

　DXに取り組む企業が急激に増え、成果を上げる企業が登場しています。一方で、デジタル技術や関連製品を検証するPoCで終わってしまい、成果に結びつかない企業も少なくありません。両者の違いは何でしょうか。

　筆者らは近年、顧客企業のDXを支援するとともに、DXに取り組んだ多くの企業と情報交換をしてきました。その結果、DXで確実に成果を出す7つのポイントを見いだすことができました。1つずつ説明します。

①仕組みの構築前に目的や用途を決定

　DXでは、従来扱わなかったデジタル技術によって、新しい業務の仕組みを構築します。ただし経営や業務の課題を解決する仕組みを作ることは、従来のシステム化と同じです。そのため仕組みを構築する前に、「何のために」「何をデジタル化するのか」を決めることが重要です。

　当たり前に思うかもしれません。しかしDXでは、デジタル技術や関連する製品の導入を目的としてしまい、経営的な目的や業務上の用途を曖昧にしたまま取り組んでしまうケースが少なくありません。そのようなやり方では、

事業部門でDXの成果を出すのは難しいのです。

②DX推進者主体で解決策を検討

　デジタル技術は事業部門でこれまであまり使われてこなかったため、ほとんどの担当者が理解しておらず何ができるのかを知りません。そのため事業部門に「何をデジタル化したいか？」と聞いても、当を得た回答は期待できません。

　そこでDXの目的と解決すべき課題を把握したら、デジタル技術を使った課題の解決策（新しい業務の仕組み）はITエンジニアなどのDX推進者側が主体になって検討し提案します。もちろん、事業部門の担当者が「デジタル技術をこう使いたい」という意見を持っていれば、その意見を吸い上げて解決策を検討する際の参考にします。

③効果や実現性を踏まえて段階的に導入

　②でも説明した通り、多くの場合、事業部門にはデジタル技術を使った新しい業務のイメージが湧いていません。そのため、従来のシステム化のように新しい業務の仕組みやシステム化内容を詳細に決めてから具体化するよりも、解決策のイメージが湧いたら早期に仕組みを具体化し、それに対する事業部門の意見を反映した方が効果や実現性の高い仕組みが構築できる場合があります。

　そのため、DXプロジェクトで複数の解決策を検討し場合には、重要性や実現性の観点から早期に実現する解決策を選定し、段階的に実行することが有効です。

④定着化の段階に合わせてKPIを設定

　DXで構築する業務の仕組みでは一般に、アナログ情報をデジタル化して蓄積し活用していくことによって成果が徐々に出てくるものです。多くの

ケースで、短期間での効果は期待できません。

　そこで新しい業務の仕組みが定着化する段階に合わせて、評価基準となるKPI（重要評価指標）を設定し、計画的に効果を創出することが重要です。具体的には「新しい仕組みを作る」「アナログ情報をデジタル化して蓄積する」「蓄積されたデータを分析・活用する」「ビジネス上で成果を出す」といった具合に、導入、定着化、効果創出の各段階でKPIを設定します。

⑤仕組みを継続的に改善・発展

　DXで新しい業務の仕組みを構築すると、想定した通りにデータが集まらなかったり、集まっても活用されなかったりすることがあります。そのためデータの蓄積状況や活用状況を把握して、継続的に仕組みを改善する必要があります。

　また、蓄積されたデータやその活用状況を把握・評価すると、新たな利用シーンを発見できることが少なくありません。そのような場合には、新たに目的や用途を明確にして、仕組みを発展させます。

　このように、DXでは仕組みを構築した後、データの蓄積状況や活用状況を踏まえて、継続的に仕組みを改善・発展させることが重要です。

⑥責任を持つ部署を決める

　DXでは、これまで扱ってこなかった情報や技術を扱うため、企業の中で「企画・構想を立てる部署」「仕組みを構築する部署」「仕組みを維持・改善する部署」が決まっていないことがあります。仮に経営幹部がメンバーを選びDXプロジェクトを立ち上げても、そこでできるのはデジタル技術を使った新しい業務の仕組みを検討することまでです。

　そのためDXに取り組む際には、新しい業務の仕組みの検討や、検討した仕組みの構築、定着に責任を持つ部署を明確にして進めることが重要です。

⑦事業部門と十分に合意を取る

先にも説明した通り、事業部門はデジタル技術を十分には理解していないうえに、デジタル技術がなくても現行業務を回すことができています。そのため「事業部門はDXに積極的ではないもの」と考えておくべきでしょう。

そこで「何のために」「何をデジタル化するのか」を検討する段階で、DXの目的、解決する課題や解決策、想定する効果やリスクについてそれぞれ、事業部門と十分に合意を取っておくことが重要です。

DXの成功では合意形成が重要

以上のようにDXを成功させるには、検討の初期段階（要件定義フェーズ）で、目的やデジタル技術を活用した新しい業務の仕組みや、達成状況を評価するKPI、仕組みを導入するリスクについて、事業部門と十分に合意することが極めて重要です。

「工藤さん、ありがとうございます。DXを進めるポイントをよく理解できました」

村山は工藤にお礼を言って頭を下げた。

「それはよかった。当社でもDXの成功事例はまだまだ少ない。ぜひ成功事例を作ってほしい」

工藤が笑顔で村山に声をかけると、村山は力強く頷いた。

「頑張ります。これからもご指導よろしくお願いします」

DXを成功させる7つのポイント
成果を上げる企業には共通の特徴がある

ポイント1 仕組みの構築前に目的や用途を決定	新しい仕組みを構築する前に、経営的な視点で目的を決め、現行業務の中のどこをデジタル化するのかを決める
ポイント2 DX推進者主体で解決策を検討	解決すべき課題を把握したら、DX推進者主体でデジタル技術を活用した解決策を検討し、事業部門に提案する
ポイント3 効果や実現性を踏まえ段階的に導入	検討した解決策の中から、重要性や実現性の点で早期に実現するものを選定し、段階的に実行する
ポイント4 定着化の段階に合わせてKPIを設定	新しい業務の仕組みを導入、定着化、効果創出するという段階ごとに、達成状況を評価するためのKPIを設定する
ポイント5 仕組みを継続的に改善・発展	新しい業務の仕組みを導入したら、データの蓄積や活用の状況を把握・評価して継続的に仕組みを改善・発展させる
ポイント6 責任を持つ部署を決める	DXに取り組む前に、新しい業務の仕組みの検討、仕組みの構築、定着化・改善に責任を持つ部署を決める
ポイント7 事業部門と十分に合意を取る	DXの目的、解決する課題やデジタル技術を使った解決策、想定する効果やリスクについて事業部門との合意を固める

1-2のポイント

- 業務変革型DXは、アナログ情報をデジタル化して活用することで業務のやり方を変革し、生産性を高めたり新たな付加価値を創出したりする取り組みのこと
- アナログ情報とは、人の行動・動作、設備や機器の状況・状態など、従来のシステムが管理対象にしてこなかった情報
- DXで成果を出すには、①仕組みの構築前に目的や用途を決定、②DX推進者主体で解決策を検討、③効果や実現性を踏まえて段階的に導入、④定着化の段階に合わせてKPIを設定、⑤仕組みを継続的に改善・発展、⑥DX推進に責任を持つ部署を決める、⑦事業部門と十分に合意を取る、の7つが重要

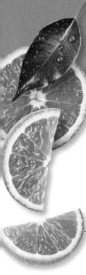

1-3

DXに消極的な事業部門 協力得る5つのフェーズ

DXに対して事業部門は消極的な姿勢を見せるもの。
成果を出すには、事業部門の理解と協力を取り付ける必要がある。
DX推進の全体手順と、鍵となる要件定義の進め方を解説する。

　業務変革型DXを進める際、事業部門はデジタル技術を十分に理解しているとは限らないうえに、デジタル技術が無くても業務を行えます。そのため事業部門はDXに対して不安が大きく積極的ではないことがあります。

　これまでのDX事例では、DXの推進部門が中心となり経営的な目的や業務上の用途を曖昧にしたまま、事業部門の理解を得ずにデジタル技術や製品の「PoC（概念実証）」に取り組むケースが少なくありませんでした。その場合、業務での活用や成果になかなか結びつきません。多くの場合PoCで終わってしまいます。

　DXで成果を出すには事業部門の不安を払拭し、理解と協力を取り付けることが極めて重要です。では、どのように進めればよいのでしょうか。村山さんの架空ストーリーを交えて学んでいきましょう。

　202x年2月、日経ITソリューションズの中堅SE村山は、顧客であるマイルス精工IT部の松本部長から、工場を対象としたDXプロジェクトの支援を依頼された。1週間以内に要件定義フェーズの進め方を提案しなければならない。

　村山は松本部長からの依頼をうれしく思った半面、不安が大きかった。DXの知識も経験もほとんど無かったからだ。そこで以前から親交があり信頼している先輩SEの工藤に相談した。工藤は、要件定義やシステム企画などを専門に扱うビジネスシステム部に所属する、超上流工程のエキスパートだ。

　村山は工藤からDXの内容や推進の注意点について教えを受けた。続いて、DXの具体的な進め方を尋ねた。

「工藤さん、DXを成功させるにはどう進めたらいいか教えてください」

「そうだな。特定の部署で新しい施策を試行してから全体に展開したほうがいいよ」

「それは最初に、使えそうな技術や製品を選んで実際に試すという意味でしょうか？」

　この言葉を聞いた工藤は一瞬、眉間にしわを寄せた。

「そういう意味ではないよ。俺の説明がよくなかったな。技術や製品ありきでDXを進めると現場での活用や成果につながらないんだ。それがPoCで終わってしまう典型パターンだよ」

　工藤は渋い表情で言い切った。

「そうなんですか。DXの進め方を詳しく教えてもらえませんか」

村山が不安そうに聞いた。

「OK、説明しよう」

全体手順の5つのフェーズ

　DXの推進者が事業部門から理解と協力を得るには、2つの点に配慮して
DXを進めます。

　1つはプロジェクトの初期段階で、DXに取り組む背景や目的とDXで解決
すべき課題について、事業部門と十分に合意を取っておくことです。

　もう1つは、デジタル技術を活用した解決策を展開する際、特定の部署に

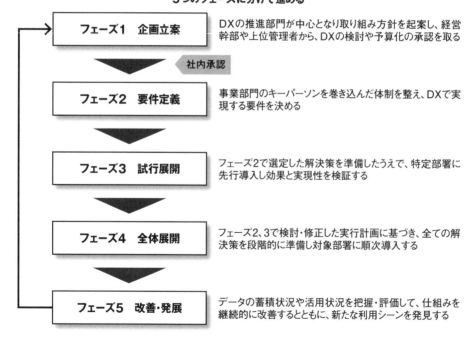

DX推進の全体手順
5つのフェーズに分けて進める

フェーズ1　企画立案	DXの推進部門が中心となり取り組み方針を起案し、経営幹部や上位管理者から、DXの検討や予算化の承認を取る
社内承認	
フェーズ2　要件定義	事業部門のキーパーソンを巻き込んだ体制を整え、DXで実現する要件を決める
フェーズ3　試行展開	フェーズ2で選定した解決策を準備したうえで、特定部署に先行導入し効果と実現性を検証する
フェーズ4　全体展開	フェーズ2、3で検討・修正した実行計画に基づき、全ての解決策を段階的に準備し対象部署に順次導入する
フェーズ5　改善・発展	データの蓄積状況や活用状況を把握・評価して、仕組みを継続的に改善するとともに、新たな利用シーンを発見する

先行して導入したうえで、その効果や実現性を検証してから対象部署全体へ
広げることです。

これら2点を踏まえ、DXは、フェーズ1「企画立案」、フェーズ2「要件定義」、
フェーズ3「試行展開」、フェーズ4「全体展開」、フェーズ5「改善・発展」とい
う5フェーズに分けて進めます。

フェーズ1「企画立案」では、DXの推進部門を中心に取り組み方針を起案し、
経営幹部や上位管理者からDXの検討や予算化の正式承認を取ります。取り
組み方針として検討する内容は、DXに取り組む背景（現状の好ましくない状
況）と目的（達成したい状態）、目的実現のための重要課題、課題の解決イ
メージ、想定される効果と推進計画（手順、体制、スケジュール、リソース）
などです。

次のフェーズ2「要件定義」では、正式承認後の最初のフェーズとして事業
部門のキーパーソンを巻き込んだ体制を整え、DXで実現する要件を決めま
す。ここでは、DXに取り組む背景・目的、目的実現のために解決すべき課題、
デジタル技術を活用した課題の解決策と期待効果、新しい業務の仕組み、デ
ジタル化要件、推進計画などを検討します。

推進計画では、新しい仕組み（業務の仕組みとシステム）を先行的に試行
する部署を「導入する仕組みに関係する問題を抱えている」「DXに理解があ
り協力的」などの観点で選定します。

特定部署で試行してから全体展開

本来のPoCを実施する。これがフェーズ3「試行展開」です。

具体的には、新しい仕組みをフェーズ2で選定した部署で先行的に導入し
ます。新しい仕組みの効果と実現性を評価・検証し、必要に応じて要件定義
の内容を修正します。仕組みの効果や実現性が見込めると評価した場合には、
経営層や上位管理者、事業部門にアピールし、関連部門のDX推進に対する

モチベーションを高めます。

　フェーズ4「全体展開」では、フェーズ2、フェーズ3で検討・修正した推進計画に基づいて、全ての解決策を段階的に準備し、対象とする全ての部署に順次導入します。

　最後のフェーズ5「改善・発展」では、導入した業務の仕組みにおけるデータの蓄積状況や活用状況を把握・評価し、仕組みを継続的に改善します。さらに、把握した状況から新たな利用シーンを発見し、DXを発展させる新しい「企画立案」につなげます。

　　メモを取りながら工藤の話を真剣に聞いていた村山はうなずいて言った。
「技術や製品ありきでDXを進めてはいけないんですね」
「理解してくれたようだね。DXには、新しい技術を使う側面と、現場にとって新しい取り組みをする側面がある。その両方を理解して進める必要があるよ」
　そう話す工藤の目を見ながら村山は大きくうなずき、質問を続けた。
「事業部門からDXについての理解や協力を得るには、要件定義フェーズが重要ですよね？」
「その通り。要件定義は何のために何をデジタル化するのかを事業部門と合意するために重要だよ」
「要件定義の進め方を教えていただけますか？」
「了解。説明しよう」

決めるべき8つの要件

　DXの要件定義フェーズでは、DXの検討が正式に承認された最初のフェーズとして、事業部門のキーパーソンを巻き込んだ体制を整えDXで実現する

要件定義フェーズで決める要件
主に8つの要件を決める

① **DX推進方針**
DXに取り組む背景・目的、期待する成果、制約条件、対象範囲など

② **解決すべき課題**
DXの目的を実現するために解決すべき業務上の課題

③ **課題の解決策**
デジタル技術を使った新しい業務の仕組み（課題に直接関係する業務のみ）

④ **新しい業務の仕組み**
デジタル技術を使った新しい業務の仕組み（対象範囲全体）

⑤ **デジタル化要件**
新しい業務の仕組みで必要なデジタル化内容（機能要件、非機能要件）

⑥ **DX推進KPI**
導入、定着化、効果創出の各段階での評価基準

⑦ **試行展開部署**
検討した解決策のうち次フェーズで試行する範囲と先行導入する部署

⑧ **DX推進計画**
DXを進める全体計画と直近フェーズの実行計画

要件を決めます。

　ここで定義する主な要件は、①「DX推進方針」、②「解決すべき課題」、③「課題の解決策」、④「新しい業務の仕組み」、⑤「デジタル化要件」、⑥「DX推進KPI（重要評価指標）」⑦「試行展開部署」、⑧「DX推進計画」、──の8つです。

　①「DX推進方針」は、DXに取り組む背景・目的、期待する成果、制約条件、対象範囲などを明らかにしたもの。②「解決すべき課題」はDXの目的を実現するために解決すべき業務上の課題を整理したものです。

　③「課題の解決策」は、課題に直接関係する業務を対象にした、デジタル技術を使った新しい業務の仕組みです。項目としては業務プロセス、制度・ルール、組織・体制、職場環境などがあります。④「新しい業務の仕組み」は、

対象範囲全体のデジタル技術を使った新しい業務の仕組みです。

　⑤「デジタル化要件」は、新しい業務の仕組みで必要なデジタル化内容です。機能要件と非機能要件に分けて定義します。

　⑥「DX推進KPI」は、新しい仕組みを導入、定着化、効果創出する各段階での評価基準です。⑦「試行展開部署」は、検討した課題の解決策のうち次のフェーズで試行する範囲と新しい仕組みを先行導入する部署を整理したものです。

　⑧「DX推進計画」はDXを進める全体計画と直近フェーズの実行計画を整理したものです。全体計画の項目はフェーズ、スケジュールなど、実行計画の項目は作業項目、体制、リソース、スケジュールなどがあります。

　ただしDXでは、解決策のイメージが湧いたら早期に仕組みを具体化し、事業部門の意見を確認して反映した方が、短期間で効果や実現性の高い仕組みが構築できる場合があります。そのため、③「課題の解決策」、④「新しい業務の仕組み」、⑤「デジタル化要件」を検討せずに仕組みを先行的に構築する場合があります。

要件定義の6つのステップ

　要件定義フェーズでは、これらの要件を、6つのステップを踏んで定義していきます。

　ステップ1「方針と実行計画の立案」で、DXの背景・目的、期待成果、制約条件、対象範囲などを「DX推進方針」としてまとめ、要件定義フェーズの実行計画（作業項目、体制、スケジュールなど）を作成します。

　ステップ2「現行業務と問題の把握」では、対象とする事業と現行業務内容を調査して視覚的な図や表に整理し、事業部門の代表者から現状の問題を集めます。これらは次のステップで作成する「解決すべき課題」の材料になります。

　ステップ3「問題分析と課題の設定」では、現行業務の問題を分析し、目的

要件定義フェーズの推進手順
6つのステップで要件を固める

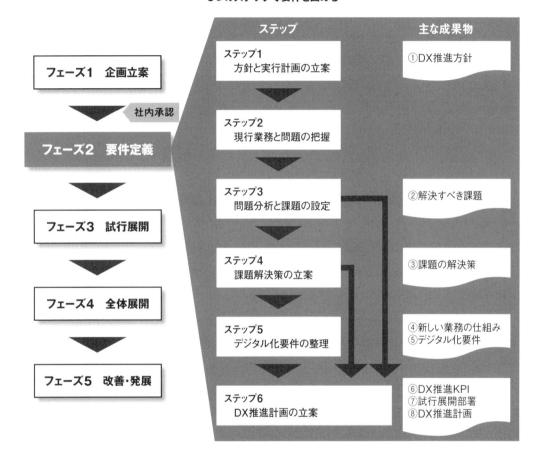

を実現する上で「解決すべき課題」を決めます。検討した「解決すべき課題」の中で、重要性が高く解決する新しい仕組みのイメージが湧く課題については、早期に実現するかを判断します。早期に実現する課題については、ステップ4、ステップ5は行いません。

ステップ4「課題解決策の立案」として、解決すべき課題に直接関係する範

囲の業務を対象に、新しい業務の仕組み（プロセス、制度・ルール、組織・体制、職場環境、デジタル化内容）と想定効果を「課題の解決策」として設計します。想定効果の大きい解決策については、早期に実現するかを判断します。早期に実現する解決策については、ステップ5は行いません。

　ステップ5「デジタル化要件の整理」では、対象範囲全体の「新しい業務の仕組み」を設計したうえで、「デジタル化要件」を機能要件と非機能要件に分けて整理します。そして、新しい仕組みの期待効果と実現性を踏まえて、全体の中で先行して実現する範囲がないかを判断します。

　最後にステップ6「DX推進計画の立案」として、DX推進KPIを設定し、試行展開部署を選定したうえで、DX推進の全体計画と直近フェーズの実行計画を「DX推進計画」にまとめます。

1-3のポイント

- DXで成果を出すには、事業部門の不安を払拭し、理解と協力を取り付けることが重要。
- DXは、フェーズ1「企画立案」、フェーズ2「要件定義」、フェーズ3「試行展開」、フェーズ4「全体展開」、フェーズ5「改善・発展」の5フェーズに分けて進める。
- 要件定義フェーズは、ステップ1「方針と実行計画の立案」、ステップ2「現行業務と問題の把握」、ステップ3「問題分析と課題の設定」、ステップ4「課題解決策の立案」、ステップ5「デジタル化要件の整理」、ステップ6「DX推進計画の立案」の6つのステップを踏む。
- DXでは、解決策のイメージが湧いたら早期に仕組みを具体化した方が、短期間で効果のある仕組みが構築できることがあり、ステップ4、5を実施しない場合がある。

Chapter

2

業務変革型DXの
実現内容の決定

2-1

関連部門に示す方針 5つの項目で整理する

DXは経営層や上位管理者が主導して進める必要がある。
最初にすべきはDXの必要性や目的などの推進方針を示すこと。
2-1ではDXの推進方針を分かりやすく整理する方法を解説する。

　第1章では、DXを成功させるポイントと全体の進め方、要件定義フェーズの全体手順を解説しました。全体の進め方をおさらいすると、DXはフェーズ1「企画立案」、フェーズ2「要件定義」、フェーズ3「試行展開」、フェーズ4「全体展開」、フェーズ5「改善・発展」の5つのフェーズで進めます。

　この中でフェーズ2「要件定義」は、「何のために、何を、どういう順番でDX化するか」を検討し、事業部門から合意を取り付ける重要なフェーズです。2章では、要件定義の具体的な進め方を解説します。

　要件定義は、ステップ1「方針と実行計画の立案」、ステップ2「現行業務と問題の把握」、ステップ3「問題分析と課題の設定」、ステップ4「課題解決策の立案」、ステップ5「デジタル化要件の整理」、ステップ6「DX推進計画の立案」の6つのステップに分けて進めます。まずは、ステップ1「方針と実行計画の立案」の具体的な進め方を解説します。

　第1章と同様に、DXプロジェクトを担当することになったITベンダーの中堅SE村山さんのストーリーを交えて学んでいきましょう。

DXの推進方針を確認する際には
どういう点に気をつければ
いいのでしょうか？

5つの項目を
確認することが重要だよ

　202x年2月中旬、日経ITソリューションズのSEである村山は、要件定義フェーズの進め方を顧客であるマイルス精工IT部の松本部長に提案した。いくつか修正を指示されたが大筋は提案した内容通りに承認された。

　4月から事業部門の代表を集めた「工場DXプロジェクト」要件定義フェーズを開始するため、3月末までに立ち上げの準備を終わらせることになった。まずは来週、松本部長とともに高橋生産本部長を訪問し、DXの推進方針を確認することになった。高橋生産本部長は、生産部門全体の責任者を務めるマイルス精工の執行役員で、今回の工場DXの発起人でもある。

　村山は、高橋生産本部長へのヒアリングを前にして、再び超上流工程のエキスパートである先輩SEの工藤を訪ねた。

「おかげさまで要件定義の進め方の提案を松本部長に承認していただきました」

「おめでとう。最初にDXの方針を決めて関係者に徹底することが重要だよ」　工藤は笑顔でアドバイスした。

「来週、プロジェクトの発起人である生産本部長からDXの推進方針を確

認してきます」

「DXプロジェクトでは、方針が曖昧なまま開始されて後で混乱すること
が多いから気をつけて」

「DXの推進方針を確認する際にはどういう点に気をつければいいので
しょうか？」

　不安な表情を浮かべる村山に工藤は穏やかな表情で言った。

「5つの項目を確認することが重要だよ」

「5つの項目ですか…？」

　村山は不思議そうな表情で工藤を見つめた。

「詳しく説明しよう」

　工藤がうなずきながら言った。

DXは経営層が主導して進める

　DXは多くの経営幹部や上位管理者から業務変革の実現手段として注目さ
れています。一方で、事業部門はDXを十分に理解しておらず、デジタル技
術がなくても現場業務を実行できます。そのため、DXは経営幹部や上位管
理者が主導して進める必要があります。

　そのときに最初にすべきは、DXに取り組む方針を明確にし、関連する部
門（事業部門やシステム部門など）に徹底することです。しかし、実際には
それがうまくいっていないことが多いようです。

　日経コンピュータの「DX実態調査」（2019年12月26日号特集「断絶のDX」
に掲載）によると、「DXの必要性や目的をビジョンとして明確に社員に示し
ているか？」の設問に対する肯定的な回答は、経営層の63.1％に対してITエ
ンジニアは33.8％。これは、経営層はDXの必要性や目的を発信できている
と認識しているものの、現場にはそれほど伝わっていないか理解されていな
いことを示しています。

要件定義ステップ1「方針と実施計画の策定」の手順
ステップ1「方針と実施計画の策定」の手順1「DX推進方針の整理」を解説する

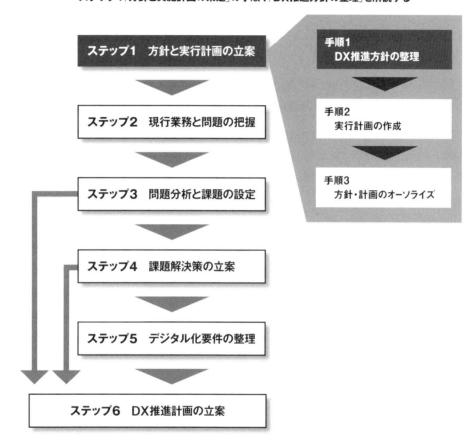

ステップ1	方針と実行計画の立案
ステップ2	現行業務と問題の把握
ステップ3	問題分析と課題の設定
ステップ4	課題解決策の立案
ステップ5	デジタル化要件の整理
ステップ6	DX推進計画の立案

手順1	DX推進方針の整理
手順2	実行計画の作成
手順3	方針・計画のオーソライズ

ステップ1は3つの手順で進める

　DXに取り組む方針が曖昧なまま検討を始めると、後々の検討で混乱が生じ、プロジェクトが長期化したり中断・中心されたりすることにつながります。そこで、要件定義のステップ1「方針と実行計画の立案」では、DXプロジェクトの起案者である経営幹部や上位管理者が考えるDX推進方針を分か

りやすく整理し、要件定義フェーズの実行計画を作成した上で関連部門に徹底します。

　ステップ1は、手順1「DX推進方針の整理」、手順2「実行計画の作成」、手順3「方針・計画のオーソライズ」の3つの手順に分けて進めます。2－1では、DXの推進方針を明確にする手順1のやり方を詳しく説明します。手順2、手順3は2－2で解説します。

推進方針として5つの項目を確認する

　手順1「DX推進方針の整理」では、まず、DXの発起人である経営幹部や上位管理者から、DXの推進方針を確認します。具体的には大きく5つの項目を確認します。それは(1)対象範囲、(2)背景・目的、(3)DX推進テーマ、(4)期待成果（サブテーマと呼ぶこともある）、(5)制約条件です。

　(1)対象範囲では、DXの対象とする事業（商材や市場）、業務、部署・拠点を確認します。マイルス精工の例では、高橋生産本部長にヒアリングを行った際、工場DXプロジェクトの対象範囲を「医療機器製造・販売事業」「工場の製造業務」「国内の3工場」の3つだと確認しました。

自社・自部門に見合った背景・目的を整理する

　(2)背景・目的では、DXに取り組む経営的な背景と目的を確認します。背景とは「現状の好ましくない状況」、目的とは「DXにより達成したい状態」のことです。

　背景・目的の確認では、現場からも理解・共感が得られる自社・自部門に見合った「現状の好ましくない状況」「達成したい状態」を確認することが重要です。

　例えば「難易度の高い作業やトラブル対応作業を担っている熟練工が5年

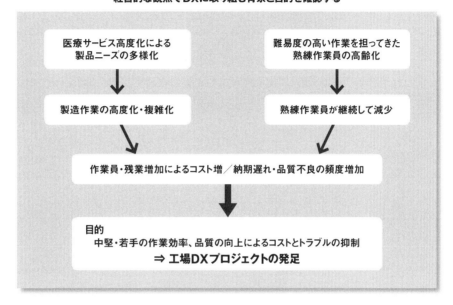

「DXの背景・目的」の例
経営的な観点でDXに取り組む背景と目的を確認する

後には半減し、高付加価値製品の製造が困難になる」「熟練工のノウハウを中堅・若手社員に継承し、高付加価値製品を継続して製造できるようにする」といった具合です。このように誰もが理解できる言葉で確認し、分かりやすく整理して説明することで、関連部門がDXに取り組む意識を高めることができます。

　これとは反対に、例えば「当社はデジタル技術の活用が進んでいない」「デジタル技術を活用して業務を高度化する」といったような曖昧な内容や表現で確認をした場合は、経営層がなぜDXを進めたいのか理解できず、現場がDXに取り組む意識を高めることができません。

　マイルス精工の例では、工場DXに取り組む背景を、「医療サービスの高度化・多様化に伴い製品が多品種化し、従来よりも製造作業が難しくなっている」「一方で、難易度の高い作業を担ってきた熟練の作業員が高齢化してい

　る」「その結果、工場の生産性が低下して作業員や残業が増え、納期遅れや品質不良などのトラブルも増えている」と確認しています。

　また、DXに取り組む目的を、「中堅・若手の作業効率、品質を向上し、製造コストとトラブル発生を抑える」と確認しています。

直接的な目的・達成事項を抑える

　（3）DX推進テーマとしては、対象範囲と背景・目的を踏まえて、DXに取り組む直接的な目的（何のために）と達成事項（何をするか）について確認します。マイルス精工の例では、「製造作業の効率化・品質向上により製造コストとトラブル発生を抑制するために、モノづくりのやり方を見直す」と確認しました。

「DX推進方針」の例
4つの項目を整理する

● **DX推進テーマ**
製造作業の効率化・品質向上により製造コストとトラブル発生を抑制するために、モノづくりのやり方を見直す

● **期待成果**
・製造作業の効率を高め、作業員や残業の増加を抑える
・作業品質を安定させ、納期遅れや品質不良の発生を抑える
・異常の発生を早期に発見し、必要な対策を迅速に打つ

● **制約条件**
・2022年4月までに特定部署を対象に新しい仕組みの試行を開始する
・2025年4月までに全工場への展開・定着化を完了する
・作業の効率・品質を高める上で有効であれば既存ITも活用する
・現在利用している生産設備・機器は原則として変更しない

● **対象範囲**
【事業】　　　　医療機器製造・販売事業
【業務】　　　　工場の製造業務
【部署・拠点】　生産本部が管掌する国内3工場

（4）期待成果では、財務的な観点（売上、コスト、利益など）、業務的な観点（品質、スピード、生産性）、業務の仕組みの観点、獲得したい技術・ノウハウの観点から、DXで得たい効果を確認します。マイルス精工の例では、「製造作業の効率を高め、作業員や残業の増加を抑える」「作業品質を安定させ、納期遅れ・品質不良の発生を抑える」「異常の発生を早期に発見し、必要な対策を迅速に打つ」と3点を確認しています。

既存ITの取り扱いを決める

（5）制約条件では、期間、費用、リソース、適用する技術・製品、設備・機器などの観点から、DXに取り組む際の制約条件を確認します。ここで注意が必要なのは「期間」と「適用する技術・製品」です。

一般にDXには、「データを蓄積してからじわじわと効果が出る」「設備や機械と情報をやり取りするためにリスクが高い」などの特徴があります。そのため、時間をかけて定着化や効果創出を図る必要があります。そこで「いつまでに何をしたいのか」を段階的に示しておきます。

また、DXは、事業部門の理解が十分でないこと多く、新しい技術を活用するため、想定した期間より構築や定着化に時間がかかったり、逆に想定よりも時間がかからなかったりします。そのため、期間については、状況に応じて随時変更することが重要です。

マイルス精工の例では、取り組みの初期段階で、「202y年4月までに特定部署を対象に新しい仕組みの試行を開始する」「202z年までに全工場への展開・定着化を完了する」と確認し、3年間かけて長期的に取り組むことを示しています。

またDXでは、センサーや無線通信、AI（人工知能）、ロボティクスなど、従来のITとは異なる技術・製品を活用することが一般的です。そのため、発起人となる経営幹部や上位管理者に導入したい技術や製品があれば、それを

どう活用したいのかも含めて確認しておきます。

　一方で、DXの目的を実現するために、基幹システムやBI（ビジネスインテリジェンス）、ワークフローなどの既存ITも実現手段とするのか確認しておく必要があります。それは、解決策を検討をする際に「その手段は既存ITだから範疇ではない」「効果があれば既存ITも使うべきだ」といった意見の食い違いを起こさないためです。

　実際、成果を上げているDXプロジェクトの中には、デジタル技術だけでなく、既存ITも活用して成果を上げている例が少なくありません。「デジタル技術だけを使う」ことに固執すると検討が進まなくなることがあるので注意が必要です。マイルス精工の例では、「製造作業の効率・品質を高める上で有効であれば既存ITも活用する」と確認しています。

　　高橋生産本部長へのヒアリングで5つの項目を確認した村山は、報告と相談をするために再度、工藤を訪ねた。「高橋生産本部長から5つの項目を確認してきました！」
「全部聞けたかな？」
　工藤が温和な表情で言った。
「はい。自分なりには聞けたと思います」
　村山は自信を持って答えた。
「それは良かった！それを現場が見ても分かるように整理することが重要だよ」
「そのやり方を教えてください」
「OK。説明しよう」

　DXの推進方針として5つの項目を確認したら、「DXの背景・目的」と「DX推進方針」の2種類のドキュメントを作成します。「DXの背景・目的」には、DXに取り組む必要のある「現状の好ましくない状況」とDXに取り組むこと

により「達成したい状態」を整理します。また、「DX推進方針」には、DX推進テーマ、期待成果、制約条件、対象範囲を整理します。

　これらは、関係者にDX推進のビジョンを示すものです。関係者から見て誤解を受けないように分かりやすく記載することが重要です。そのためには、「論理的な矛盾や飛躍を避ける」「分かりやすい用語を使う」「簡潔な文章で記載する」の3点に注意してドキュメントを作成します。

2-1のポイント

- ステップ1「方針と実行計画の立案」は、手順1「DX推進方針の整理」、手順2「実行計画の作成」、手順3「方針・計画のオーソライズ」の3つの手順で進める。
- DX推進方針としては、（1）対象範囲、（2）背景・目的、（3）DX推進テーマ、（4）期待効果、（5）制約条件、の5項目を確認・決定する
- DXプロジェクトの制約条件では、経営幹部や上位管理者の導入したいデジタル技術・製品や、基幹システムなどの既存ITも実現手段として扱うかも確認する。

C O L U M N 1

実現手段の制約を決めずに取り組んではいけない

　DXは、デジタル技術を使って業務のやり方を変革する取り組みです。ただし、業務変革の実現手段としてデジタル技術をどう位置付けるのかについては2つの考え方があります。

　1つは、DXを「デジタル技術を中心とした手段で」進めるという考え方です。この考え方では原則として、基幹システムやワークフローなどの従来のITは業務変革の実現手段として扱いません。もう1つは「デジタル技術も実現手段の1つとして」進めるという考え方です。この考え方では、デジタル技術だけでなく、従来のITも実現手段として変革を進めます。

　DXに取り組む際には、実現手段としてのデジタル技術の位置付けを確認しておく必要があります。それは、課題の解決策や新しい業務の仕組みを検討する際に、「その実現手段は従来のITだから扱うべきではない」「効果があれば従来のITも使うべきだ」といったメンバー間の意見の食い違いを避けるためです。

　筆者は以前、実現手段の制約を決めずにDXプロジェクトに取り組んでしまい、失敗した経験があります。それは、製造業の保守サービスを対象としたDXプロジェクトを担当したときのことです。

　そのプロジェクトでは、現場が困っている重要な問題として、「製品の保守・改修の履歴や活用したドキュメントを探すのに手間がかかる」「製品の不具合発生時に、過去に発生した同様の事象への対応内容の確認に手間がかかる」の2つが挙げられました。

　これらの問題を解決するための手段は、履歴管理や文書管理といった従来のITになります。そのため、メンバーの間で、「このプロジェクトで扱う問題ではない」「効果があるのだから扱うべきだ」と意見が分かれました。

　結局、上位管理者であるプロジェクトマネジャーに相談し、従来のITも実

DXでの実現手段の考え方

**メンバー間の意見の食い違いを避けるため、プロジェクトの初期段階で、
実現手段としてのデジタル技術の位置付けや、従来のITを活用する制約を決めておく**

❶「デジタル技術を中心とした手段で」進める

実現手段

デジタル技術　　　従来のIT

❷「デジタル技術も実現手段の1つとして」進める

実現手段

デジタル技術　　　従来のIT

現手段として解決策を検討することになりました。このような混乱は、プロ
ジェクトの最初のうちに実現手段の制約を確認しておけば防げたと反省して
います。

　以上のように、DXに取り組む際には、プロジェクトの初期段階で、実現手
段としてのデジタル技術の位置付けや、従来のITを活用する制約を決めてお
くことをお勧めします。

2-2

キーパーソン巻き込み 検討体制を作る

DX成功に向けて「何のために、何をDX化するか」を関連部門と合意する。
それには関連部門のキーパーソンを巻き込んだ検討体制を作ることが重要だ。
2-2では検討体制など要件定義の実行計画の作り方を解説する。

　事業のグローバル化、ライバル企業との競争激化、労働人口の減少などにより、企業には新たな付加価値の提供や生産性の向上が求められています。そのような状況の中、DXは多くの経営幹部や上位管理者から業務変革の重要な実現手段として注目されています。一方で、事業部門やシステム部門はDXの取り組みに積極的ではありません。

　経営層と事業部門やシステム部門のギャップを埋めるには、要件定義の段階で「何のために、何を、どういう順番でDX化するか」を経営層、事業部門、システム部門などのDXの関連部門が十分に合意しておく必要があります。そのため要件定義フェーズでは、合意しておくべき関連部門のキーパーソンを巻き込んだ検討体制を作ることが重要です。

　2-2では、検討体制など要件定義フェーズの実行計画の作り方と、DXの推進方針や実行計画を社内でオーソライズする方法を解説します。村山さんのストーリーを交えて学んでいきましょう。

次は要件定義フェーズの
実行計画を作成します

プロジェクトに参加してもらう
メンバーを慎重に選ぶことが
重要だよ

　村山は、顧客であるマイルス精工から依頼を受け、「工場DXプロジェクト」の要件定義を支援することになった。現在、事業部門のメンバーを集めて4月から正式にプロジェクトを立ち上げるための準備を行っている。

　まずマイルス精工の生産本部の責任者である高橋本部長からヒアリングした内容を基に、工場DXの推進方針を整理した。そして、その内容を高橋本部長にレビューし、工場DXプロジェクトの推進方針をフィックスさせた。

　村山はその報告のため先輩SEの工藤を訪ねた。

「工場DXプロジェクトの推進方針がまとまりました」

「そうか！工場DXに取り組む狙いは明確になったかな？」

　工藤が温和な表情で聞いた。

「はい。中堅・若手の作業効率や作業品質を上げてコストやトラブルの発生を抑えることが狙いのようです」

「そうか。これまでモノ作りを支えてきた熟練工の高齢化は多くの企業で問題になっているからな」

　工藤がうなずきながら言った。

「次は要件定義フェーズの実行計画を作成します」

「プロジェクトに参加してもらうメンバーを慎重に選ぶことが重要だよ」

「どういうメンバーを選んだらいいのでしょうか？」

　村山が真剣な表情で質問した。

「DX推進に関連する部門のキーパーソンを選ぶことだよ。詳しく説明しよう」

要件定義の実施手順を決める

　2−1に引き続き、DXを進める際の要件定義フェーズのステップ1「方針と実行計画の立案」の具体的な進め方を解説します。

　ステップ1では、DXプロジェクトの起案者である経営幹部や上位管理者の考えるDX推進方針を分かりやすく整理し、要件定義の実行計画を作成した上で関連部門に徹底します。ステップ1は、手順1「DX推進方針の整理」、手順2「実行計画の作成」、手順3「方針・計画のオーソライズ」の3つの手順で進めます。手順1については2−1で解説しました。2−2では手順2と手順3のやり方を詳しく解説します。

　手順2「実行計画の作成」では、実施手順、検討体制、スケジュールなど要件定義フェーズの実行計画を検討します。

　まず実施手順については、本書の前提である6つのステップを参考に検討します。それは、ステップ1「方針と実行計画の立案」、ステップ2「現行業務と問題の把握」、ステップ3「問題分析と課題の設定」、ステップ4「課題解決策の立案」、ステップ5「デジタル化要件の整理」、ステップ6「DX推進計画の立案」です。

　DX推進方針を考慮して、ステップ1〜6で不足している作業があれば追加し、不要なステップがあれば省略します。

要件定義ステップ1「方針と実行計画の立案」の手順

**ステップ1「方針と実施計画の策定」の手順2「実行計画の作成」と
手順3「方針・計画のオーソライズ」を解説する**

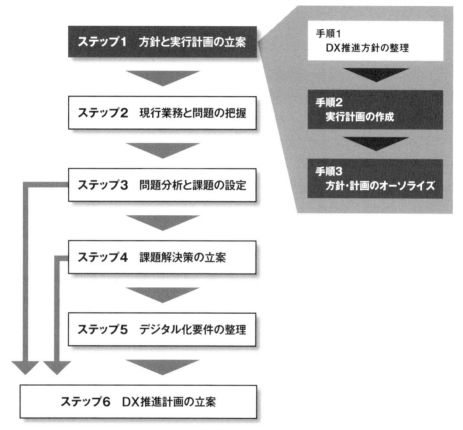

関連部門のキーパーソンを集める

　要件定義フェーズでDX化する内容を事業部門などの関連部門と合意して
おかないと、仕組みを構築する段階でDX化する内容についての追加や修正
が頻発することになります。そのため、要件定義の検討では、DXを推進す
る際に関連する部門のキーパーソンを巻き込んだ体制を確立することが重要

です。

　具体的には、DXの対象範囲を管掌する経営幹部や上位管理者を「プロジェクトマネジャー（PM）」として選定します。PMは、DXの推進方針を明確にし、プロジェクトの立ち上げや検討内容の評価・承認を担当します。PMは「プロジェクトオーナー」と呼ばれることもあります。マイルス精工の例では、生産本部を管掌する執行役員である高橋本部長がPMとして適任です。

　次に、対象範囲の事業部門の中で、PMや部門に所属するメンバーからの信任が厚く、DXの取り組みに理解のある管理職を「プロジェクトリーダー（PL）」として選定します。PLは、プロジェクトでの検討内容と進捗状況を管理し、PMへの報告や相談を行います。また、PLは次に説明する「検討メンバー」と同じように、要件定義での検討を主体的に行います。マイルス精工の例では、高橋本部長と相談の上で製造部の寺田部長が任命されました。

事業部門の代表を検討メンバーに

　事業部門の代表者8～10人を、DX化の要件を主体的に検討する「検討メンバー」として選びます。要件定義で必要な情報の提供や、DX化により解決すべき問題・課題の検討、解決策のレビューなどを担当します。

　検討メンバーを選ぶ条件は、「DX対象範囲の事業、業務に精通している」「対象範囲の事業部門で影響力が強い」「新しい業務の仕組みを実行する立場にある」の3点です。必ずしもDXやデジタル技術を理解している必要はありません。マイルス精工の例では、対象部門である製造部1Gr、製造部2Gr、品質保証部、設備管理部からそれぞれ2人が選出されました。

　要件定義の検討に有効なアドバイスができるメンバーがいれば、「レビュアー」として参加してもらいます。レビュアーは、DX推進に協力が必要な部門や、DXに先行して取り組んだ部門などから選びます。

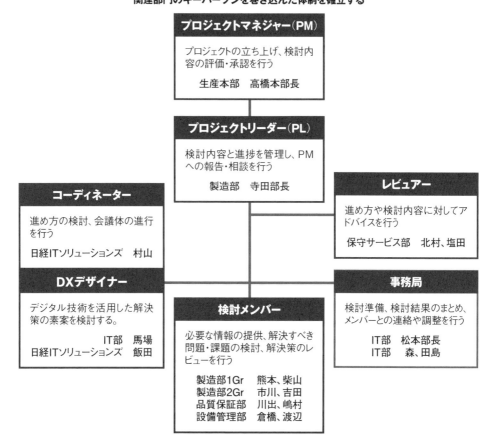

「DX要件定義の検討体制」の例
関連部門のキーパーソンを巻き込んだ体制を確立する

プロジェクトマネジャー（PM）

プロジェクトの立ち上げ、検討内容の評価・承認を行う

生産本部　高橋本部長

プロジェクトリーダー（PL）

検討内容と進捗を管理し、PMへの報告・相談を行う

製造部　寺田部長

コーディネーター

進め方の検討、会議体の進行を行う

日経ITソリューションズ　村山

レビュアー

進め方や検討内容に対してアドバイスを行う

保守サービス部　北村、塩田

DXデザイナー

デジタル技術を活用した解決策の素案を検討する。

　　　　　　　　IT部　馬場
日経ITソリューションズ　飯田

検討メンバー

必要な情報の提供、解決すべき問題・課題の検討、解決策のレビューを行う

製造部1Gr　　熊本、柴山
製造部2Gr　　市川、吉田
品質保証部　　川出、嶋村
設備管理部　　倉橋、渡辺

事務局

検討準備、検討結果のまとめ、メンバーとの連絡や調整を行う

IT部　松本部長
IT部　森、田島

要件定義でのDX推進部門の役割

　DXの推進部門（システム部門やITベンダーなど）は、「コーディネーター」「DXデザイナー」「事務局」の立場でプロジェクトに参加します。

　コーディネーターは、要件定義フェーズの進め方の検討や会議体の進行を担当します。そのためコーディネーターには、要件定義の進め方の知識を持

ち、事業部門を集めた会議体を進行するスキルを持つメンバーを選びます。マイルス精工のプロジェクトでは、日経ITソリューションズの村山さんがこの役目を務めることになりました。

　デジタル技術を活用した課題の解決策を検討するのがDXデザイナーです。デジタル技術は、事業部門のメンバーには何ができるのか理解されていないので、「何をデジタル化したいか？」と聞いても的を射た回答は期待できません。そのため、まずDXデザイナーが解決策の素案を作成し、検討メンバーにレビューした上で解決策を決定するようにします。

　DXデザイナーとしては、センサーや無線通信、AI（人工知能）、ロボティクスなどのデジタル技術とその用途を理解しているエンジニアを選びます。マイルス精工のプロジェクトでは、IT部の馬場さんと、日経ITソリューションズの飯田さんが選出されました。

　要件定義の検討準備や検討結果のまとめ、メンバーとの連絡や調整を行う

「DX要件定義の推進スケジュール」の例
6つのステップの推進スケジュールを決定

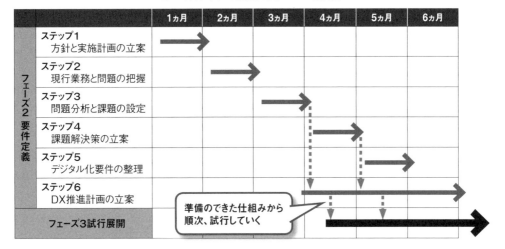

		1ヵ月	2ヵ月	3ヵ月	4ヵ月	5ヵ月	6ヵ月
フェーズ2 要件定義	ステップ1 方針と実施計画の立案	→					
	ステップ2 現行業務と問題の把握		→				
	ステップ3 問題分析と課題の設定			→			
	ステップ4 課題解決策の立案				→		
	ステップ5 デジタル化要件の整理					→	
	ステップ6 DX推進計画の立案				→		
フェーズ3試行展開				準備のできた仕組みから順次、試行していく			

のが事務局です。事務局には、要件定義の検討結果を受けて仕組みを構築するメンバーを選びます。マイルス精工ではIT部の松本部長、森さん、田島さんが務めることになりました。

実際のDXプロジェクトは、経営幹部自身が主導して立ち上げることがあるため、要件定義フェーズの推進事務局を経営企画部門や経営管理部門などが務めることがあります。そのような場合には、仕組みの構築がスムーズに進むように、仕組みの構築を担当するシステム部門や生産技術部門のメンバーも事務局かレビュアーの一員として参加してもらうようにします。

要件定義フェーズのスケジュール

検討体制を決めたら要件定義のスケジュールを決めます。DXの目的・目標や対象範囲、制約条件によって異なりますが、前述した6ステップで進める場合の目安を説明します。

通常、ステップ1〜6をそれぞれ4週間程度で実施します。そのため、要件定義全体は6カ月程度をかけて実施することになります。

ただしDXでは、課題や解決策を検討した後、早期に仕組みを具体化した方が、短期間で効果や実現性の高い仕組みが構築できる場合があります。そのため、ステップ3やステップ4の後にステップ6を実施する場合には、要件定義の期間は短縮されます。

実行計画を作成する際には、実施手順、検討体制、スケジュール以外に、各ステップで実施するミーティングの頻度なども決めておきます。

工藤からアドバイスを受けた村山は、要件定義フェーズの実行計画を作成し、再び先輩SEの工藤を訪ねた。
「高橋本部長と松本部長と一緒に実行計画を作成しました」
村山は工藤に、DXの推進方針と実施計画を記載した「工場DXプロジェ

クト実行計画書」を手渡した。

　しばらく実行計画書を眺めてから工藤が村山に聞いた。

「検討メンバーには事業部門のキーパーソンを選出したのかな？」

「はい。教えていただた条件で事業部門の中心メンバーを選びました」

　村山が自信を持って答えた。

「それはよかった。全社に公表する前に本人と上長に説明しておいたほうがいいよ」

「それはどういう意味でしょうか？」

　村山が不思議そうな表情で質問した。

「説明しよう」

本人や上長から了承を取り付ける

　要件定義ステップ1の手順3「方針・計画のオーソライズ」では、検討したDX推進方針と要件定義の実行計画を関連部門全体にオーソライズします。

　具体的には、まず、検討したDX推進方針と実行計画を分かりやすいドキュメントにまとめて、PMから了承を得ます。次に、検討メンバーが所属する部門の直接上長と本人に、プロジェクトの概要と検討メンバーの役割・参加頻度を事前に説明し、協力を取り付けます。最後に、役員会や部長会などの場でPMから関連部門に説明し、プロジェクトの立ち上げをオーソライズします。

　ここで重要なのは、検討メンバーが所属する部門の上長と本人への事前説明です。先に説明した条件で選出した検討メンバーは、所属部門の中心メンバーです。そのため、検討メンバーを引き受けると本業に支障を来すのではないかと心配して、上長や本人が難色を示すことがあります。しかし、検討メンバーがプロジェクトに参加する期間はステップ2〜ステップ5を実施する約4カ月間。参加する頻度は週1回半日程度です。

　そこで、PMやPLがDXプロジェクトの重要性と検討メンバーの役割や参加する頻度を上長や本人に個別に説明して了承を取り付けます。所属上長や本人に事前の説明や依頼をせず、いきなり役員会や部長会などで検討体制を発表すると、強い抵抗を受けることがあるので注意が必要です。

2-2のポイント

- DX化する内容についての事業部門との合意が重要なため、事業部門のキーパーソンを巻き込んだプロジェクト体制を確立する。
- 事業部門から「プロジェクトマネジャー」、「プロジェクトリーダー」「検討メンバー」「レビュアー」を、推進部門から「コーディネーター」「DXデザイナー」「事務局」を選定する。
- DXの要件定義ではステップ1〜6をそれぞれ4週間程度で実施するが、ステップ4、5を実施しない場合もあるため、通常、4〜6カ月程度で実施する。
- 検討メンバーを決める際は、プロジェクトマネジャーやプロジェクトリーダーが、検討メンバーの上長と本人に個別の説明をして了承を取り付ける。

2-3

対象事業・業務を理解 図表に整理する

DXで解決すべき課題を事業部門中心の体制で決めるには、
前段で対象とする事業や業務の内容を把握することが重要だ。
2-3ではDXの対象事業・業務を調査し、整理する方法を解説する。

　ステップ1「方針と実行計画の立案」では、DX推進テーマ（目的と達成事項）
や対象範囲などをDX推進方針として整理し、検討体制などの実行計画を作
成・オーソライズしました。次は、事業部門の代表者中心の検討体制で、
DX推進テーマ実現のために解決すべき課題を決定します。この検討を行う
のがステップ2「現行業務と問題の把握」とステップ3「問題分析と課題の設
定」です。

　ステップ2で現行の業務内容とそこで発生している問題を把握し、ステッ
プ3で現状の問題を分析して解決すべき課題を決めます。ステップ2「現行業
務と問題の把握」の進め方は2-3と2-4にて解説します。村山さんのストー
リーを交えて学んでいきましょう。

　202x年3月、マイルス精工では「工場DXプロジェクト」の推進方針と実
行計画が役員会でオーソライズされた。これで4月から事業部門やIT部
のメンバーが参加した体制でプロジェクトを正式にスタートすると決
まった。
　日経ITソリューションズの村山は、その報告と次に実施する現行の事

業と業務を調査する方法についてアドバイスを受けるため先輩SEの工藤を訪ねた。

「工場DXプロジェクトが正式に立ち上がることが決定しました」

「そうか！おめでとう。いよいよだな」

　工藤は温和な表情で声をかけた。

「はい、キックオフの前に現行の事業と業務の内容を理解しておきたいと思います。そのやり方を教えてください」

　キックオフとは、検討体制に選ばれた全てのメンバーを一同に集めて行う、正式にプロジェクトを立ち上げる会議体だ。

「OK。それじゃあ事業内容を調査するやり方から説明しよう」

ステップ2は4つの手順で進める

　ステップ2「現行業務と問題の把握」では、対象範囲として決めた事業と業務の現行内容を調査して視覚的な図や表に整理し、事業部門の代表であるプロジェクトリーダー（PL）や検討メンバーそれぞれが考える現状の問題を集めます。ここで集めた問題がステップ3で解決すべき課題を決める際の材料

要件定義ステップ2「現行業務と問題の把握」の手順

ステップ2「現行業務と問題の把握」の手順1「現行事業の調査と整理」と
手順2「現行業務の調査と整理」を解説する

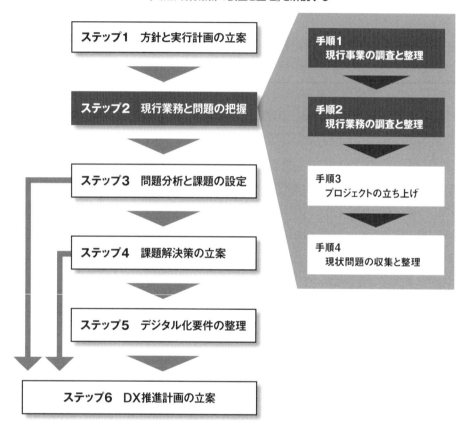

になります。

　ステップ2は4つの手順に分けて進めます。2-3では手順1と手順2のやり方を解説します。

商品・サービスを体系的に整理する

　手順1「現行事業の調査と整理」では、PLや検討メンバーの代表者へのヒアリングにより現行の事業内容を調査し、その結果を視覚的な図や表に整理します。調査するのは「事業価値」「商品・サービス」「提供先」「提供元」「流通チャネル」などです。

　まず、対象事業が市場に提供する価値を「事業価値」として確認します。マイルス精工の例では、対象事業である「医療機器製造・販売事業」の価値を、「健康の維持・促進に向けて、異常の発生や進行を早期に把握する機器を提供する」ことと確認しました。

　次に、市場に提供している「商品・サービス」を確認し、体系的に整理します。マイルス精工の例では、商品・サービスの第1階層を「医療機関向け医療機器」と「家庭向け医療機器」とし、第2階層を「検査用本体機器」と「周辺機器・消耗品」と整理しました。そして、第2階層に対してX線撮影装置、超音波診断装置などの個別の商品を分類しています。

商品の提供先・提供元を整理する

　続いて、実際に商品・サービスを活用する顧客、顧客に商品・サービスを提供する社内組織や中間チャネルを「提供先」として確認します。マイルス精工の例では、商品を実際に使う医療機関、中堅・中小規模の医療機関に商品を販売する販社や特約店、顧客や販社・特約店との折衝を担当する営業本部を提供先として確認しました。

　商品・サービスを生産・生成する社内組織、部品や材料を提供する調達先や人材を提供する外注先を「提供元」として確認します。マイルス精工の例では、医療機関向け医療機器を生産する平塚工場と浜松工場、家庭向け医療機器を生産する川崎工場、各工場に部品や材料を供給する部材メーカーと、

「現行事業の調査と整理」の例

「事業価値」「商品・サービス」「提供先」「提供元」「流通チャネル」などを調査する

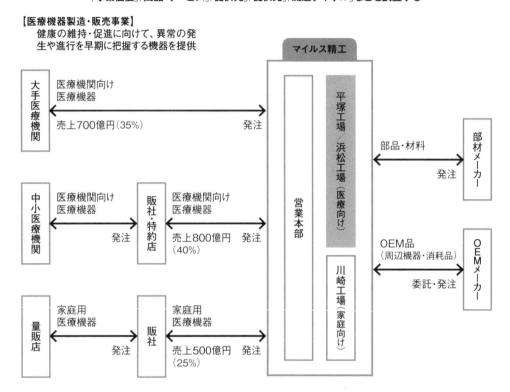

【医療機器製造・販売事業】
健康の維持・促進に向けて、異常の発生や進行を早期に把握する機器を提供

周辺機器や消耗品を委託製造するOEMメーカーを提供元として確認しています。

　最後に、「流通チャネル」として提供先、提供元との関係を整理します。マイルス精工の例では、大手の医療機関向けには商品を直接販売し、中堅・中小規模の医療機関には販社や特約店がマイルス精工から商品を仕入れて販売していることなどを整理しています。

対象とする事業の範囲を決める

　事業内容を調査、整理したら、商品・サービスや提供先の分類ごとに事業規模を確認します。マイルス精工の例では、医療用医療機器が売上規模の1500億円（75％）、家庭用医療機器が500億円（25％）などと確認しています。

　手順1の最後に、事業内容を理解した上でDXの検討から外す範囲があるかどうかをプロジェクトマネジャー（PM）やPLに確認しておきます。マイルス精工の例では、医療機関向け医療機器と家庭向け医療機器では製造方法が大きく異なることから、川崎工場を検討対象から外しました。また、周辺機器・消耗品は、OEMメーカーに製造を委託しているため検討から外しました。

「ありがとうございます。現行の事業内容の調査方法が理解できました」
　　村山はお礼を述べた。工藤は黙ってうなずいた。
「次は現行の業務内容を調査する方法を説明しよう」
　　村山が身を乗り出した。
「現行の業務を調査する狙いは3つある。それを意識した調査が重要だよ」
　　村山は工藤の言うことが理解できず不思議そうな表情を浮かべた。
「詳しく教えてください」

現行業務を調査する目的

　手順2「現行業務の調査と整理」では、手順1と同様にPLや検討メンバーの代表者にヒアリングし業務内容を調査して、図や表に整理します。

　現行の業務の内容を調査する目的は3つあります。要件定義を担当するITエンジニアがDXの対象業務の内容を大枠で理解する、業務内容の理解によりDXの対象とする業務の範囲を明確にする、手順4以降の検討を行う際のフ

レームワークを作成する——です。

概要レベルで業務機能を洗い出す

　業務内容の調査では、まず、対象範囲の業務を構成する一段具体的な業務機能（概要レベル）と担当部署を確認します。洗い出した業務機能をDXの対象範囲とするかの判断が難しい場合は、PMやPLに相談して判断します。

　マイルス精工の例では、対象範囲である「工場での製造業務」を構成する業務機能として、「半製品製造」「完成品製造」「品質管理」「設備管理」「工場内物流」の5つの業務機能を洗い出しました。この中で「工場内物流」は、生産本部内で管掌している業務機能ではないことから対象範囲から外しました。

　業務機能の確認では、商品・サービスや部署・拠点などを「代表場面」として選んで業務機能を確認し、それ以外の場面の業務機能は代表場面との違いを確認する方法が有効です

業務機能同士の関連を確認する

　次に、洗い出したそれぞれの業務機能と、対象範囲内の他の業務機能、対象範囲外の業務機能（外部機能）、外部組織（材料メーカー）などの関連を確認します。具体的には、特定の業務機能が他のどの業務機能や外部組織からインプットを受けて実施され、その業務機能の結果生み出されるアウトプットが他のどの業務機能や外部組織で使われるのかを確認していきます。

　マイルス精工の例では、「半製品製造」が外部機能の「生産計画・管理」からの加工指示をインプットとして実施され、「半製品」というアウトプットが「完成品製造」で使われる、のように確認しています。

　業務機能同士の関連を確認する際には、まず業務を実施する際の代表的なインプット、アウトプットの流れを確認し、その後で抜けている情報を確認

「現行業務の調査と整理」の例
業務内容を調査し、視覚的な図や表に整理する

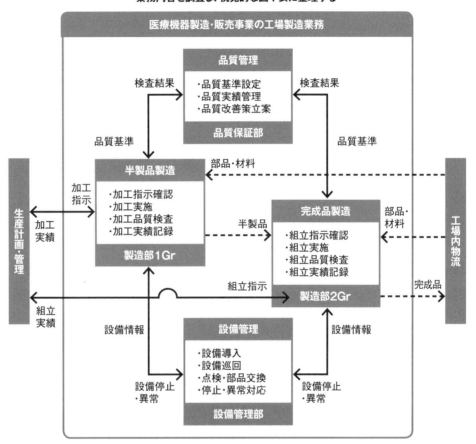

するのが有効です。

　概要レベルの業務機能の関連を確認したら、概要レベルの業務機能を構成する業務機能（詳細レベル）と担当部署を洗い出します。マイルス精工の例では、「半製品製造」を構成する業務機能として「加工指示確認」「加工実施」「加工品質検査」「加工実績記録」の4つを洗い出しました。

調査結果を図や表にまとめる

　現行業務の調査を終えたら、対象業務を構成する業務機能や、業務機能同士の関連を視覚的な図や表に整理します。対象業務を構成する業務機能の整理では、「現行業務リスト」というフォーマットが有効です。これは、概要レベルの業務機能ごとに、「詳細レベルの業務機能（作業項目）」「担当部署」を一覧にまとめた表です。

　業務機能同士の関連を整理するには「業務機能関連図」や「業務フロー図」というフォーマットが有効です。業務機能関連図は、業務機能同士や外部機能、外部組織とのインプット／アウトプット関係（イン／アウト関係）を整理した図です。これによりDXの対象範囲内の業務機能と範囲外の業務機能を視覚的に理解できます。イン／アウト関係が複雑なために業務機能関連図が事業部門から見て理解しにくくなった場合には、重要なイン／アウト関係に絞り込むなど、図を編集します。

　一方、業務フロー図は対象範囲の業務を構成する作業項目について、実施する順番と担当部署が分かるように整理した図です。ここでも、図が複雑で理解しにくくなった場合は、図を分かりやすく編集します。

2-3のポイント

- ステップ2「現行業務と問題の把握」は、手順1「現行事業の調査と整理」、手順2「現行業務の調査と整理」、手順3「プロジェクトの立ち上げ」、手順4「現状問題の収集と整理」の4つの手順で進める。
- 手順1「現行事業の調査と整理」では、DXの対象範囲とする事業の価値や商品・サービス、流通チャネルを視覚的な図や表に整理する。
- 手順2「現行業務の調査と整理」では、対象範囲の現行業務を構成する業務機能や、業務機能同士の関連を視覚的な図や表に整理する。

2-4

問題・要望を集めて
真に重要な課題を決定

DXで解決する「真に重要な問題・課題」を決めるには、
デジタル技術で解決を図れる問題・要望を集めることが重要だ。
2-4では課題決定のために集めるべき情報とその集め方を解説する。

　業務変革型DX（以下、DX）では、解決すべき業務上の問題・課題を明らかにした上で、その解決に役立つデジタル技術を使った新しい業務の仕組みを検討、構築します。

　解決すべき問題・課題を決めるには、インプットとして事業部門の代表者から現行業務上の問題や改善要望を集めます。DXで解決する真に重要な問題や課題を導き出すには、質の高い情報を集めることが極めて重要です。

　2-4では、現状の問題や改善要望を集める際にどういう情報を集めるのか、どうやって集めるのかについて、1つの有効なやり方を解説します。村山さんのストーリーを交えて学んでいきましょう。

　　日経ITソリューションズの中堅SE村山は来週いよいよ、検討体制に選ばれた全てのメンバーを集めたキックオフミーティングを開催する。村山は、その進行について相談に乗ってもらうため、先輩SEの工藤を訪ねた。
　　「来週の水曜日にキックオフミーティングを開催することになりました」
　　「そうか。メンバーは全員集まるのかな？」

　工藤はいつものように穏やかな表情で村山を迎えた。
「はい。検討体制に選ばれた全員に参加していただける予定です」
「それはよかった！」
　工藤がうなずきながら言った。
「今日はキックオフミーティングの進行について教えてください」
「OK。説明しよう」

プロジェクトを正式に立ち上げる

　2-4では、2-3に引き続きステップ2「現行業務と問題の把握」の具体的な進め方を解説します。ステップ2では、4つの手順を踏んで、対象範囲の事業と業務の内容を調査して図や表に整理し、プロジェクトリーダー（PL）や検討メンバーから現状の問題や改善要望を集めます。ここでは後半の手順3、手順4のやり方を詳しく解説します。

　手順3「プロジェクトの立ち上げ」では、検討体制に選んだ全てのメンバーを集めてキックオフミーティング（KOM）を開催し、プロジェクトを正式に立ち上げます。

　手順3ではまず、検討体制に選ばれたメンバーの予定を確認し、KOMを開催する日時と場所を決めます。KOMは、通常2時間程度で実施します。

　次に、KOMでの説明用資料として「プロジェクトの趣旨説明資料」と「要件定義の事例」を用意します。

　プロジェクトの趣旨説明資料には、前半にDXの「背景・目的」「推進方針」「対象事業」「対象業務」「全体手順とスケジュール」などを説明するページを入れ、続いて要件定義フェーズの「実施手順」「検討体制」「検討スケジュール」などを入れます。

　通常、KOMではプロジェクトの趣旨と進め方を説明した後、PLや検討メンバーに対して、現行業務上の問題や改善要望についての情報提供を依頼します。そのため、資料の後半にはそれを説明するページを入れます。

　要件定義の事例には、KOMの参加者に要件定義フェーズで何をやるのかを具体的に理解してもらうため、類似した進め方をした事例があれば、その成果物を抜粋して編集します。

DXの趣旨や進め方を共有する

　KOMでは、検討体制に選んだメンバー全員がDXプロジェクトの趣旨や進め方についての共通認識を持つことが重要です。KOMの進行役は通常、事務局の責任者が担当します。マイルス精工ではIT部の松本部長が進行役を務めます。次に、KOMの一般的な進行を説明します。

　KOMの冒頭では、プロジェクトマネジャー（PM）がプロジェクトを発足する趣旨やメンバーへの期待などを説明します。次いで、PLからDXに取り組む背景・目的や、DXの推進方針（テーマ、期待成果、制約条件、対象範囲）などを説明します。マイルス精工の例では、生産本部の高橋本部長と製造部の寺田部長が説明を担当します。

　続いて参加者全員が自己紹介します。各自の経歴やプロジェクトに期待す

要件定義ステップ2「現行業務と問題の把握」の手順

ステップ2「現行業務と問題の把握」の手順3「プロジェクトの立ち上げ」と手順4「現状問題の収集と整理」を解説する

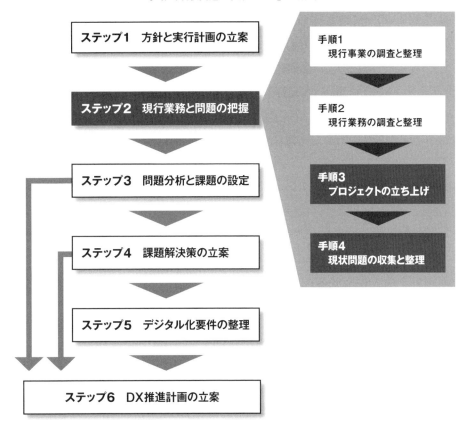

ること、プロジェクトに参加する意気込みなどを簡単に説明します。

　そして、要件定義フェーズで進行役を務めるコーディネーターから、対象とする事業と業務の内容と、実施手順、検討体制やスケジュールなど要件定義の進め方を説明します。実施手順は、用意した要件定義事例を使って説明します。マイルス精工の例では、村山さんが説明を担当します。

　最後に、PLと検討メンバーに対して、現行業務上の問題や改善要望についての情報提供を依頼します。ここでは、集めたい情報の内容と集め方を説明します。

「ありがとうございます。キックオフミーティングの進行を理解しました」

　　村山は工藤にお礼を述べた。

「キックオフミーティングでは全員がDXプロジェクトの趣旨を理解することが重要だよ」

　　工藤の言葉に村山はうなずいた。

「次はPLや検討メンバーから集める情報について教えてください」

「ここで質の高い情報を集めておくことが重要だ。詳しく説明しよう」

デジタルで解決できる問題を集める

　手順4「現状問題の収集と整理」では、事業部門の代表であるPLや検討メンバーから、それぞれが考える現状の問題や改善要望を集めます。その具体的なやり方を、「どんな情報を集めるのか」「どういう立場で、どれくらいの情報を出してもらうのか」「どうやって情報を集めるのか」に分けて説明します。

　PLや検討メンバーから集める情報は「DXの目的や期待成果の実現にとって重要で、デジタル技術を活用して解決を図れる現状の問題や要望」です。

　センサー、無線通信、ビッグデータ、AIなどのデジタル技術は設備・機器の状況、人の行動や動作などのアナログ情報を効率的に収集・蓄積し、多面的に分析することを可能にしました。そのため、「設備や機器の監視・見回り」や「人の行動や動作の監督・把握」に手間がかかる、あるいは正確に行えない、そこで集めた情報を有効に活用できないといった問題や要望で特に効果を発揮します。

　例えば製造業であれば、「生産設備の監視・見回りや担当者の作業内容の把握に手間がかかる」「設備の状態により品質不良の発生率が変わる」「同じ業務でも担当する組織や人によって品質や進捗がバラつく」「重要業務の対応が専門的な知識・スキルを持つ特定の個人に集中する」といった問題や要望です。

　ここでは、現状の問題としては「どの業務がどう問題なのか、その結果どういう悪い影響が出ているのか、その問題が起きている原因は何か」を、改善要望としては「どの業務をどう改善したいのか、改善するとどういう効果があるのか、改善が必要になっている背景は何か」を集めておくことが有効です。

部門代表の立場で意見を出させる

　PLや検討メンバーは、一般にDXの対象部署の中でも実務能力の高い人が選ばれます。そのため、それぞれが個人の立場で意見を出すと、所属する部署のメンバー全員を代表した意見にならないことがあります。そこでPLや検討メンバーには、自分が所属する部署を代表する立場で意見を出してもらいます。

　また、DXでは大きな効果を期待できる重要な問題や改善要望に対策を打つことが重要です。そのため、それぞれのメンバーが重要と考える現状の問題や改善要望を、1人につき3〜5個集めます。情報を集めすぎると、解決しても大きな効果が期待できない問題や改善要望まで集めることがあるので注意が必要です。

アンケートを使って情報を集める

　情報を集める際、まずアンケートを記入してもらい、その内容についてヒ

アリングする、というやり方をお勧めします。いきなりヒアリングするのはお勧めできません。

　ヒアリングは相手にあまり手間をかけないので受け入れられやすい、というメリットがあります。しかし相手が発言する内容を整理していないと、目的や対象範囲と関係のない意見や、相互に矛盾する複数の意見が出されることがあります。また、1つの意見を相手が長々と説明したり、こちらがしつこく質問したりすると、時間が不足して相手の話したい意見を全て集められなくなることがあります。

　一方、アンケートは「何が問題か」「何が要望か」を考えなければ書くことができません。ただし、アンケートに記入された文章を読んでも相手の伝えたいことを正しく理解できないことがあるので、意味を正しく理解するためにヒアリングを行います。

　情報収集に時間をかけられない、過去に同様のアンケートを実施しているなどの理由から、アンケートを使わずにヒアリングで情報を集めなければならないことがあります。その場合には、事前に「どんな情報を、どういう立場で、どれくらい提供してほしいのか」を相手に十分伝えてからヒアリングするようにします。

着眼点マトリクスで意見を発想する

　KOM後半の情報提供依頼では、PLや検討メンバーに「どんな情報を、どういう立場で、どれくらい出してほしいのか」を説明した上で、アンケート用紙と「着眼点マトリクス」を配布します。着眼点マトリクスは、相手に現状の問題や改善要望を発想してもらうためのツールです。

　着眼点マトリクスの左辺には、手順2で洗い出した業務機能を並べます。また上辺には、現場で発生していると考えられる問題の中で、デジタル技術を使って解決を図れる問題を並べます。マイルス精工では、「半製品製造」

「着眼点マトリクス」の例

PLや検討メンバーに情報提供を依頼する際に、意見を発想するツールとして配布する

着眼点 業務機能	製造作業の効率化・品質向上による製造コストとトラブル発生の抑制				
	設備・装置の監視や見回りに手間がかかる	設備・装置の状態が正確に把握できない	作業内容や実績を正確・迅速に把握できない	組織・人によって品質や進捗がバラつく	その他
半製品製造		製造ラインの異常を早期に発見できず、突発的な停止が発生する			
完成品製造				組立作業完了時点で実績を報告しており、進捗遅れを早期に把握できない	
品質管理					
設備管理					

「完成品製造」などの業務機能を左辺に並べ、「設備・装置の監視や見回りに手間がかかる」「作業内容や実績を正確・迅速に把握できない」などの問題を想定して上辺に並べました。

　そして、左辺に並べたそれぞれの業務機能で、上辺に並べた問題が起きていないかを考え、現状の問題や改善要望を発想します。例えば、「半製品製造で、設備・装置の監視や見回りに手間がかかっている問題はないか」のように発想します。マイルス精工では「製造ラインの異常を早期に発見できず、突発的に停止する」「組立作業が完了した時点で実績を報告しており、作業の進捗遅れを早期に発見できない」といった問題が発想されました。

　KOMでアンケートを配布して情報提供を依頼したら、5日間程度たってからアンケートを回収します。そして、アンケートを読み込んだ上で、各メンバーに1時間程度のヒアリングを行います。

　アンケートを集めてヒアリングを行い、PLや検討メンバーそれぞれの意見を理解したら、それを業務機能別、類似した内容別に分類して一覧表に整理します。これにより、事業部門の代表者が解決すべきと考えている問題や要望の種類（問題タイプ）を理解します。マイルス精工の例では、「組立作業中の進捗遅れを早期に発見できない」「製造装置の異常が発生する予兆を発見できない」などの問題タイプを把握しています。

「現状問題・改善要望の一覧」の例

アンケートやヒアリングでPLや検討メンバーの意見を理解したら、
業務機能別、類似した内容別に分類して一覧表に整理する

No	業務機能	部署／氏名	影響／効果	問題／要望	原因／背景
1	完成品製造	製造部2Gr 吉田	作業進捗遅れの対策に時間がかかる	組立作業中の進捗遅れを早期に発見できない	組立作業が完了した時点で実績を報告している
2		製造部2Gr 市川	残業や増員でのリカバリーが必要になる	管理者が気付かないまま作業の進捗が遅れていることがある	組立作業が始まった後の進捗状況は作業者にしかわからない
3		設備管理部 渡辺	製造装置の停止が突発的に発生する	製造装置の異常が発生する予兆を発見できない	完成品を製造するために必要な製造装置が多い
4		設備管理部 倉橋	装置トラブル（チョコ停）が頻発し、修復作業に追われる	建屋が広いため、製造装置の巡回、監視に非常に時間がかかる	製造装置の巡回、監視を1人で対応している
5	半製品製造	製造部1Gr 熊本	作業ミスの手直しや不良品の作り直しに手間がかかる	若い作業者が手順の間違いや予期せぬミスをすることがある	半製品の組立作業は部品数が多く細かな作業も多い
6		製造部1Gr 柴山	ライン停止の原因究明や対策に多大な時間と労力を要する	製造ラインが突発的に停止することがある	製造ラインの異常を早期に発見できない
7					

2-4のポイント

- ステップ2「現行業務と問題の把握」は、手順1「現行事業の調査と整理」、手順2「現行業務の調査と整理」、手順3「プロジェクトの立ち上げ」、手順4「現状問題の収集と整理」の4つの手順で進める。
- 手順1「現行事業の調査と整理」では、DXの対象範囲とする事業の価値や商品・サービス、流通チャネルを視覚的な図や表に整理する。
- 手順2「現行業務の調査と整理」では、対象範囲の現行業務を構成する業務機能や、業務機能同士の関連を視覚的な図や表に整理する。

2-5

問題関連図で現状分析
DXで解決する課題決定

DXの目的を実現するために解決すべき課題を決めるには、
現状の問題構造を明らかにして、その中から重要な問題を選ぶ。
2-5では問題関連図を使って解決すべき課題を決める方法を解説する。

　業務変革型DX（以下、DX）は、デジタル技術を使って業務のやり方を変革
し、生産性を高めたり新たな付加価値を創出したりする取り組みです。デジ
タル技術はこれまで業務であまり使われてこなかったため、事業部門のメン
バーには何ができるのか十分に理解されていません。また、デジタル技術が
なくても業務を行うことができます。事業部門はDXに積極的ではないと考
えておくべきでしょう。

　そのためDXで成果を上げるには、DXの取り組みに対して事業部門から理
解と協力を取り付ける必要があります。特に、DXで解決する現行業務上の
問題や課題について、事業部門と十分に合意しておくことが重要です。

　現行業務の問題を分析してDXの目的を実現するための「解決すべき課題」
を明確にし、事業部門の代表者と合意するのがステップ3「問題分析と課題の
設定」です。2-5と2-6ではその実施方法を解説します。村山さんのストー
リーを交えて学んでいきましょう。

　　日経ITソリューションズの村山は2週間後の金曜日と土曜日に、プロ
　ジェクトリーダー（PL）と検討メンバー全員を集めて「問題分析ミーティ

問題分析ミーティングでは
どういう点に気をつける
必要がありますか？

DXの目的を実現する上で
重要な問題を、全員が納得する
形で決めることが大切だ

ング」を開催する。この会議は、PLと検討メンバーそれぞれから集めた現状の問題と改善要望をインプットとして、DXで解決する問題・課題を決定する重要なものだ。

　その会議を前にして、会議の進行を担当する村山は、先輩SEの工藤を訪ねた。

「再来週に問題分析ミーティングを開催することになりました」

「そうか。DXを成功させる上で重要な会議になるぞ」

　工藤が穏やかな表情で、それでいてしっかりとした口調で言った。村山は真剣な表情でうなずいた。

「問題分析ミーティングではどういう点に気をつける必要がありますか？」

「DXの目的を実現する上で重要な問題を、全員が納得する形で決めることが大切だ」

　工藤が強い口調で言い切った。

「問題分析ミーティングの前に準備しておくことを教えてください」

「しっかり準備しておくことが重要だ。説明しよう」

ステップ3は4つの手順で進める

　アンケートやヒアリングで集めた現状の問題や改善要望は、あくまで個人の意見にすぎません。全体から見て重要ではない問題が提起されたり、重要な問題の抜け漏れが生じたりします。また、問題の重要性に関する認識がメンバーの間で異なることもあります。そのため、個人の意見をそのまま受け入れて解決策を検討すると、不要な要件が抽出されたり必要な要件が不足したりして手戻りの原因になります。

　そこでステップ3「問題分析と課題の設定」では、PLと検討メンバー全員での議論を通して、現状の問題構造を確認した上で、総意の上でDXで解決すべき問題・課題を決定します。

　ステップ3は、手順1「問題分析ミーティングの準備」、手順2「問題構造化と解決課題の決定」、手順3「課題の充足と評価」、手順4「解決に向けたアイデアの収集」の4つの手順に分けて進めます。この中で手順2から手順4は問題分析ミーティングで行います。2－5では、手順1と手順2を実施する際の1つの有効なやり方として、問題関連図というツールを活用する方法を解説します。

ミーティングの日程と場所を決める

　手順1「問題分析ミーティングの準備」では、最初に、PLと検討メンバー全員のスケジュールを確認し、会議の日程と会場を決めます。問題分析ミーティングは通常、連続した2日間で行いますが、半日程度の会議を週次で5、6回繰り返すこともあります。PLや検討メンバーは多忙なので1カ月以上前から日程を決めるようにします。2日間連続で行う場合には、議論に集中できるよう研修施設や保養所などオフィスと離れた場所を選びます。

　次に、現状の問題構造を整理したり、その中で解決すべき問題を決めたり

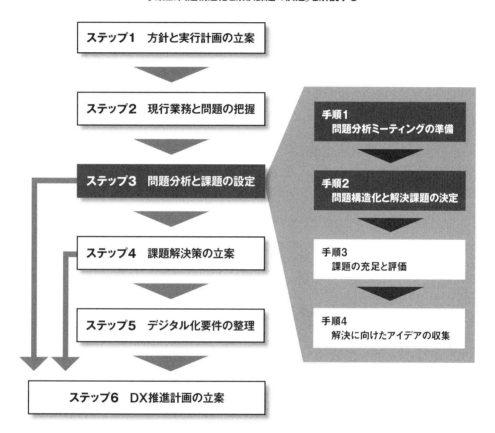

要件定義ステップ3「問題分析と課題の設定」の手順

ステップ3「問題分析と課題の設定」の手順1「問題分析ミーティングの準備」と
手順2「問題構造化と解決課題の決定」を解説する

ステップ1　方針と実行計画の立案

ステップ2　現行業務と問題の把握

ステップ3　問題分析と課題の設定

手順1
問題分析ミーティングの準備

手順2
問題構造化と解決課題の決定

手順3
課題の充足と評価

手順4
解決に向けたアイデアの収集

ステップ4　課題解決策の立案

ステップ5　デジタル化要件の整理

ステップ6　DX推進計画の立案

する検討を行う単位（分析単位）を決めます。通常は、「半製品製造」「完成品製造」など概要レベルの業務機能を分析単位にしますが、1つの業務機能に多くの問題が提起された場合には、分析単位を分けることもあります。

問題関連図の初期版を作成する

　問題分析ミーティングでは、メンバー全員で議論して現状の問題構造を確認し、解決すべき問題・課題を決める際に「問題関連図」というワークシートを使うのが有効です。問題関連図は、PLや検討メンバーから意見として出された複数の問題の因果関係を視覚的に整理する図です。複数の問題のうち結果系の問題を左側に、原因系の問題を右側に配置して、その関係を線で結びます。

　問題関連図を使う主なメリットは、以下の3つです。

・メンバー同士で現状の問題構造についての認識を合わせやすくなる

・メンバーから指摘されなかった重要な問題の抜け漏れを発見しやすくなる

・結果系の問題を発生させているインパクトの大きい原因系の問題が見つけやすくなる

　手順1では、ステップ2で集めた現状の問題を使って、問題分析ミーティン

「問題関連図（初期版）」の例
**問題分析ミーティングの準備では、メンバーから集めた情報を使って議論の出発点となる
問題関連図の初期版を作成する**

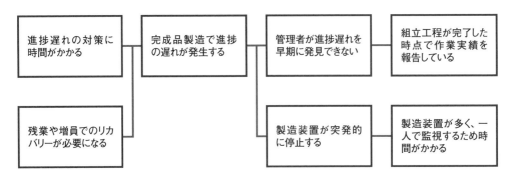

グでの議論の出発点とする問題関連図の初期版を分析単位ごとに作成します。ここでは、メンバーから集めた現状の問題をはがきサイズの付箋紙にサインペンで書き出し、因果関係を付けて大型の模造紙に配置します。

　手順1の最後に、問題分析ミーティングを進行する際の参考情報を集めます。集めるのは、メンバーから提起された現状の問題の発生状況、問題に関係する業務の実施内容、問題を解決するための業務の改善案などです。業務の改善案を検討する際は、類似した問題を解決した先行事例などを集めて参考にします。

「ありがとうございます。問題分析ミーティングの準備作業を理解しました」
「DXの目的を実現するためにアンケートやヒアリングで指摘されなかった重要な問題がないか考えておいたほうがいいよ」
　工藤がしっかりした口調で言った。
「ありがとうございます。考えてみます。次は問題分析ミーティングの進行について教えてください」
　村山は少し前かがみになり、真剣な表情で工藤に頼んだ。
「OK。まずは前半の現状の問題構造を整理して解決すべき問題を決めるまでの進め方を説明しよう」

議論しやすい会場レイアウトを作る

　手順2「問題の構造化と解決課題の決定」では、問題分析ミーティングの場で、参加者全員での議論を通して現状の問題構造を明らかにし、DXで解決を図る重要な問題とそれを引き起こしている本質的な原因を決めます。

　問題分析ミーティングの会場は、参加者が検討内容や進行役に集中しやすくなるようにレイアウトします。具体的には会議室の前面に、検討内容を記

入したり問題関連図などの模造紙を掲示したりするホワイトボードを設置し、それに向かってV字型2列でメンバーの座る机を配置します。

　会議の進行役を務めるコーディネーターは、ホワイトボードを背にして会場正面に立って進行します。付箋紙の記入や模造紙の張り替えを担当する事務局メンバーはコーディネーターに近い位置に座ります。

　問題分析ミーティングの冒頭では、会議の趣旨と進め方を説明し、ステップ2で作成した現状の問題と改善要望の一覧表を使い、それぞれのメンバーから集めた意見を紹介します。ここではメンバーの意見を正しく理解するための質疑だけを行い、意見の真偽や重要性の議論は行わないようにします。

提起された問題の影響を確認する

　その後、問題関連図を使って分析単位ごとに現状の問題構造を整理し、解決すべき問題を決めます。

　最初に、問題関連図（初期版）に書き出した問題を説明し、それぞれの問題をメンバー全員が問題と捉えているかどうか確認します。必要に応じて付箋紙の内容や因果関係を修正します。マイルス精工の例では、問題関連図（初期版）に配置された問題は、現状発生している問題として全員に受け入れられました。

　次に、問題関連図（初期版）の左端の問題から生じている影響を「DXの目的や期待成果が実現されていない」という影響に行き着くまで、段階的に確認します。その際、メンバーから新たに出された意見を付箋紙に書き出して左側に追加していきます。マイルス精工の例では、「進捗遅れの対策に時間がかかる」の影響として「顧客と約束した納期が守れない」、「残業や増員でのリカバリーが必要になる」の影響として「不要な製造コストが増加する」という意見が出され、それを付箋紙に書き出して追加しました。

「問題関連図（完成版）」の例

問題分析ミーティングでは、メンバー全員での議論を通して現状の問題構造を問題関連図に整理し、解決すべき問題を選ぶ

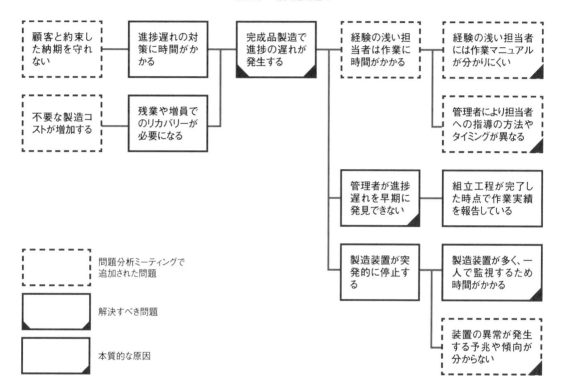

問題を発生させている原因を確認する

　影響の確認が終わったら、今度は、追加した一番左側の結果系の問題から右側に向かって、その問題を発生させている原因を、対策が打てるレベルに行き着くまで段階的に確認します。ここでもメンバーから出された意見を付箋紙に書き出して右側に追加していきます。マイルス精工の例では、「完成品製造で進捗の遅れが発生しやすい」の原因として「経験の浅い担当者は作

業に時間がかかる」、「製造装置が突発的に停止する」の原因として「装置の異常が発生する予兆や傾向が分からない」などの意見が出され、問題関連図に追加しています。

　問題の影響と原因の確認が終わったら、問題関連図にレイアウトされた現状の問題構造に抜け漏れがないかをメンバーに確認します。抜け漏れがあった場合には、その内容を付箋紙に書き出して追加します。このような議論を通して、現状の問題構造についてメンバー全員の認識をそろえます。

解決が必要な問題と原因を選ぶ

　分析単位ごとに問題構造を整理したら、DXの目的や期待する成果を実現する上で解決することが重要な問題を「解決すべき問題」として選びます。選んだ解決すべき問題の書かれた付箋紙にはマークを付けます。マイルス精工の例では、「完成品製造で進捗の遅れが発生する」が解決すべき問題に選ばれています。

　さらに、解決すべき問題よりも右側に配置した問題の中で、解決すべき問題の発生原因としてインパクトが大きく、対策を打つことが可能な問題を「本質的な原因」として選択します。本質的な原因は複数選ぶこともあります。マイルス精工の例では、「管理者が進捗遅れを早期に発見できない」など5つの問題が本質的な原因に選びました。

「解決課題」と「本質的課題」を決定する

　手順2の最後に、解決すべき問題と本質的な原因の対策を示す課題的な表現に変えて、それぞれ「解決課題」「本質的課題」として決定します。マイルス精工の例では、「完成品製造での進捗遅れの発生を抑える」を解決課題に決めました。また、「経験の浅い担当者でも容易に作業内容を理解できるよう

にする」「担当者の指導を適切なタイミング、内容で行えるようにする」「管理者が作業進捗の遅れを早期に発見できるようにする」「製造装置の状態の監視を短時間で行えるようにする」「製造装置の異常が発生する予兆や傾向を分析・共有する」の5つを本質的課題として決めています。

2-5のポイント

- ステップ3は、手順1「問題分析ミーティングの準備」、手順2「問題構造化と解決課題の決定」、手順3「課題の充足と評価」、手順4「解決に向けたアイデアの収集」の4つの手順で進める。
- 解決すべき問題・課題を決める際には、意見として出された複数の問題の因果関係を視覚的に整理する問題関連図の活用が有効。
- DXの目的を実現する上で解決が重要な問題を「解決すべき問題」、解決すべき問題の発生原因としてインパクトが大きく対策可能な問題を「本質的な原因」に選ぶ。

2-6

重要性と実現性を評価
解決すべき課題決める

解決すべき課題を評価して早期実現する課題を判断し、
事業部門の代表者から解決策のアイデアを集める。
2-6では問題分析ミーティングのクロージング方法を解説する。

　DXの推進に当たっては、まず、DXに取り組む目的を明らかにした上で解決すべき課題を決定します。そして、デジタル技術を使った課題の解決策を検討、実行します。

　DXの目的を実現するための「解決すべき課題」は、次の3つの条件を考慮して決定します。

- 事業部門の代表者であるプロジェクトリーダー（PL）や検討メンバーが解決したいと考えている
- 解決することにより、経営や業務に大きな効果が期待できる
- DX推進方針で決めた期間や費用などの制約条件から考えて実現可能である

　2-6では、この3つの条件から解決すべき課題を決定した上で、他の課題に先行して早期実現する課題がないかを判断し、課題を解決するアイデアを事業部門の代表者から集める方法を解説します。村山さんのストーリーを交えて学んでいきましょう。

ミーティングの後半では、解決すべき
課題の充足と評価をしてから、
DXプロジェクトで引き続き検討する課題、
早期に実現する課題を決めるんだ

もう少し詳しく
教えてもらえますか？

　日経ITソリューションズの村山は、2週間後に控えた問題分析ミーティングについてアドバイスを受けるため、先輩SEの工藤を訪ねた。問題分析ミーティングは、PLと検討メンバーを一同に集め、DXで解決する業務上の課題を決定する重要な会議だ。

　村山はこれまでに、問題分析ミーティングの準備作業と、ミーティングの前半で実施する現状の問題構造を整理して解決すべき重要な問題を決めるやり方について教えを受けた。

「ありがとうございます。問題分析ミーティング前半の進め方が理解できました」

「ここでは参加者全員で議論して、現状の問題構造について認識を合わせることが重要だよ」

　工藤は、村山を見つめながら穏やかな表情で言った。

「了解しました。問題分析ミーティングの前半に続けて、後半の進め方も教えてください」

　村山はしっかりとうなずき、問いかけた。

「後半では、解決すべき課題の充足と評価をしてから、DXプロジェクトで引き続き検討する課題、早期に実現する課題を決めるんだ。そして、

課題を解決するためのアイデアを集める」

　村山は、工藤の説明が理解しきれず不思議そうな表情を浮かべた。
「もう少し詳しく教えてもらえますか？」
「OK。それじゃ課題を充足して評価するまでのやり方を説明しよう」
　工藤は落ち着いた表情で言った。

目的実現の視点で課題を充足する

　ステップ3「問題分析と課題の設定」は、手順1「問題分析ミーティングの準備」、手順2「問題構造化と解決課題の決定」、手順3「課題の充足と評価」、手順4「解決に向けたアイデアの収集」の4つの手順に分けて進めます。

　2-5では、手順1と手順2の進め方を取り上げました。2-6では、手順3と手順4の具体的なやり方を解説します。

　まず手順3「課題の充足と評価」では、「DXの目的を実現する」視点で解決すべき課題を充足します。次に、課題の重要性と実現性を評価して、DXプロジェクトで引き続き検討する課題を「解決すべき課題」として決定します。そして、その中で早期に実現する課題がないか判断します。

　ここでは最初に、「DXの目的を実現する」という視点から見て、現状の問題を解決する以外に有効な取り組みがないかどうかを確認し、それが見つかったら課題として補充します。このときに有効なのが、事前に集めた先行事例や技術・製品の用途を参考にして、DXの推進者であるDXデザイナーや事務局から提案することです。

　マイルス精工の例では、問題分析ミーティングの前に、完成品の形状や寸法、キズなどの外観検査を、3D画像読み取り装置と認識システムを使った自動化により大きな効果を上げている先行事例を調べていました。また、マイルス精工でも完成品の外観検査に手間と時間がかかっていることを事業部門から確認していました。

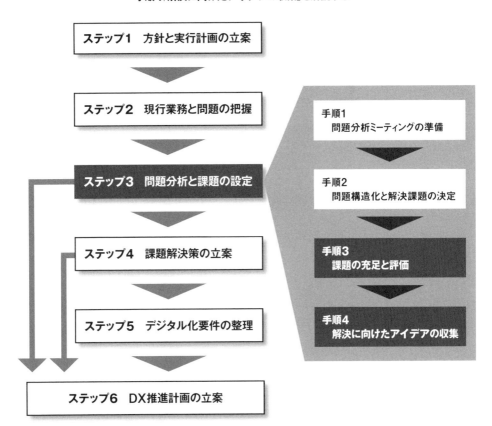

要件定義ステップ3「問題分析と課題の設定」の手順

ステップ3「問題分析と課題の設定」の手順3「課題の充足と評価」と
手順4「解決に向けたアイデアの収集」を解説する

そこで、問題分析ミーティングの場で、DXデザイナーの馬場さんが「完成品の外観検査を人手をかけずに短時間で行えるようにする」という課題を提案し、PLと検討メンバーに受け入れられました。その結果、解決課題「完成品製造での進捗遅れの発生を抑える」を実現するための6つめの本質的課題として補充しています。

課題の重要性・実現性を評価する

　次に「解決課題一覧表」を使って、業務上の重要課題である「解決課題」の実現手段となる「本質的課題」の重要性と実現性を評価します。

　まず、その本質的課題を解決することが、解決課題の実現にとってどの程度効果があるのかを「重要性」として評価します。解決課題の実現に対して大きな効果が期待できるものは「A」、一定の効果が期待できるものは「B」、あまり効果が期待できないものは「C」と評価します。定量的な効果の試算はステップ4で課題の解決策を検討した後に行うので、ここでは事業部門代表者の経験に基づいて定性的な評価を行います。

　次に、その本質的課題を解決する新しい業務の仕組みやデジタル化、システム化の検討や実行が可能かどうかを「実現性」として評価します。ここでは、DX推進方針で決めた期間や費用などの制約条件を踏まえて評価します。検討や実行が容易に行えると判断したものは「A」、検討や実行が可能と判断したものは「B」、検討や実行の可能性が低いと判断したものは「C」とします。

　マイルス精工の例では、解決課題「完成品製造での進捗遅れの発生を抑える」の実現手段となる6つの本質的課題はすべて、PLと検討メンバーから重要性A、実現性Bと評価されました。

引き続き検討する課題を決める

　本質的課題の重要性、実現性を評価したら、それぞれの課題をDXプロジェクトで引き続き検討するか、それともここで検討を終了するかを判定します。

　重要性や実現性をCと評価した課題は、プロジェクトでの今後の検討対象から外します。また、実現性をAと評価した課題の中で、デジタル化やシステム化が不要で、事業部門に準備や実行を任せられる課題も検討対象から外します。

「解決課題一覧表」の例

**解決課題一覧表では、本質的課題の重要性と実現性を評価して、「解決すべき課題」を決定し
早期に実現する課題がないかを判断する**

> 引き続き検討
> するか、終了
> するか判定する

> 課題を解決する
> 仕組みのイメー
> ジを記述する

> 本質的課題の重要性、
> 実現性を評価する

完成品製造

解決課題	本質的課題	評価		判定	先行取り組み課題	備考
		重要性	実現性			
完成品製造での進捗遅れの発生を抑える	経験の浅い担当者でも容易に作業内容を理解できるようにする	A	B	Go	○	
	担当者の指導を適切なタイミング、内容で行えるようにする	A	B	Go		
	管理者が作業進捗の遅れを早期に発見できるようにする	A	B	Go	○	
	製造装置の状態の監視を手間少なく短時間で行えるようにする	A	B	Go		
	製造装置の異常が発生する予兆や傾向を分析・共有する	A	B	Go		
	完成品の外観検査を人手をかけずに短時間で行えるようにする	A	B	Go		

> 解決する仕組みの
> イメージが湧き、実
> 現性が高い課題
> は、先行して取組
> む課題に選定する

　引き続き検討する課題は解決課題一覧表の判定欄に「Go」と記述し、検討を終了する課題は「NoGo」と記述します。ここで「Go」と判定した課題がDXプロジェクトで引き続き検討、具体化する「解決すべき課題」になります。マイルス精工の例では、先の6つの本質的課題はすべて「解決すべき課題」と判定しました。

早期に解決を図る課題を判断する

　さらに、「解決すべき課題」の中で、他の課題に先行して早期に解決を図る課題がないかを判断します。それは、DXでは、解決策のイメージが湧いたら早期に仕組みを具体化して、それに対する事業部門の意見を反映した方が短期間で効果的な仕組みを構築できる場合があるためです。

　具体的には、解決する仕組みのイメージが湧き、その実現性が高い課題を選び、他の課題との関連性を踏まえて先行して実現することが有効かを判断します。先行して実現すると判断した課題については、ステップ4「課題解決策の立案」やステップ5「デジタル化要件の整理」を行わずにステップ6「DX推進計画の立案」を実施します。

　手順3の最後に、PLと検討メンバーに対して、決定した「解決すべき課題」の解決策の検討や具体化の過程で、今後も随時、協力してもらえるように依頼します。

「ありがとうございます。課題を充足して評価する方法を理解できました」

　村山は納得の表情を浮かべた。

「課題を充足するには、DXを推進する側が先行事例や関連する技術、製品を調べておくことが重要だよ」

　工藤は村山の顔を見ながら、ゆっくりとした口調で言った。

「はい。問題分析ミーティングの準備作業で参考情報を集めておく意味がよく理解できました」

　村山は笑顔で答えた。

「次はPLや検討メンバーから課題を解決するアイデアを集めるやり方を教えてください」

「課題解決のアイデアは5つの観点を使って集めるんだ」

「5つの観点ですか……」

　村山はまた不思議そうな表情を浮かべた。工藤は苦笑しながら続けた。

「詳しく説明しよう」

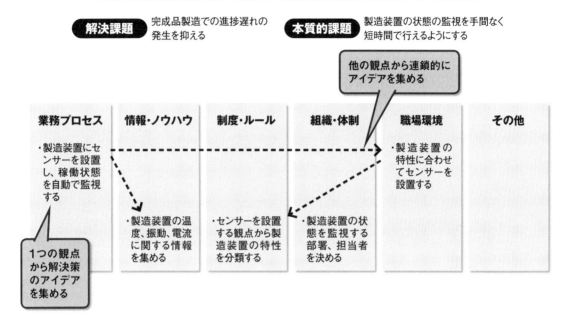

「解決策検討シート」の例

解決策検討シートでは、PLと検討メンバーから、「業務プロセス」「情報・ノウハウ」「制度・ルール」「組織・体制」「職場環境」の5つの観点で、本質的課題を解決するためのアイデアを集める

解決課題　完成品製造での進捗遅れの発生を抑える

本質的課題　製造装置の状態の監視を手間なく短時間で行えるようにする

他の観点から連鎖的にアイデアを集める

業務プロセス	情報・ノウハウ	制度・ルール	組織・体制	職場環境	その他
・製造装置にセンサーを設置し、稼働状態を自動で監視する	・製造装置の温度、振動、電流に関する情報を集める	・センサーを設置する観点から製造装置の特性を分類する	・製造装置の状態を監視する部署、担当者を決める	・製造装置の特性に合わせてセンサーを設置する	

1つの観点から解決策のアイデアを集める

5つの観点でアイデアを集める

　DXの対象業務に精通しているPLや検討メンバーは、これまでの問題分析ミーティングでの議論を通して、本質的課題を解決する方法（解決策）のイメージを思い浮かべていることがあります。

　そこで、手順4「解決に向けたアイデアの収集」では、問題分析ミーティングの最後に、PLと検討メンバーに解決策を発想してもらい、そのアイデアを集めます。ここで集めたアイデアは、ステップ4で課題の解決策を検討する際の参考にします。

　PLや検討メンバーに解決策を発想してもらう際には、「解決策検討シート」を使います。解決策検討シートは、解決策のアイデアを発想する5つの観点

（業務プロセス、情報・ノウハウ、制度・ルール、組織・体制、職場環境）を上辺に並べた表形式のフォーマットです。

　解決策のアイデアは、5つの観点を使い「どの観点について何をどう変えればいいのか」をPLや検討メンバーに発想してもらいます。

　「情報・ノウハウ」については、「どういう情報やノウハウを使えば課題が解決できるか」という観点で解決策を発想します。DXでは、システムで管理されている数値データやテキストデータだけでなく、現状システムで管理されていないアナログ情報も含めて解決のアイデアを発想することが重要です。

　また、「職場環境」では、「職場の設備や機器、レイアウト、業務を担当する人材などをどう変えればいいのか」という観点で発想します。

解決策のアイデアを連鎖的に集める

　問題分析ミーティングでは、解決策検討シートを大きな模造紙に記入して張り出し、参加者から本質的課題を解決するアイデアを集めます。

　その際には、5つの観点の中のどの観点からアイデアを出してもらっても構いません。1つの観点でアイデアを集めたら、それに関連して他の観点でも変更が必要ないかどうかを確認し、連鎖的にアイデアを引き出します。

　マイルス精工の例では、「製造装置の状態の監視を短時間で行えるようにする」という本質的課題を解決するアイデアとして、最初に「業務プロセス」の観点で、ある検討メンバーから「製造装置にセンサーを設置し、稼働状態を自動で監視する」というアイデアが出されました。

　すると、そのアイデアを聞いた他のメンバーから「職場環境」の観点で「製造装置の特性に合わせてセンサーを設置する」というアイデアが出されました。さらに、「制度・ルール」の観点で「センサーを設置する観点から製造装置の特性を分類する」、「情報・ノウハウ」の観点で「製造装置の温度、振動、電流に関する情報を集める」などのアイデアが連鎖的に出されました。

　PLや検討メンバーから本質的課題を解決するアイデアを集めたら、出されたアイデアの中で効果や実現性が高いものを確認し、マークを付けます。

　ここまでで事業部門の代表者を一同に集めた問題分析ミーティングでの検討は終了です。ミーティングをクロージングする際には、ミーティングに参加した感想や今後の検討への期待などについて参加者全員に発言してもらうと、プロジェクトの一体感が高まります。

2-6のポイント

- 「DX目的の実現」の視点から課題を充足し、課題の重要性・実現性を評価して、引き続き検討する「解決すべき課題」を決める。
- 「解決すべき課題」には、重要性が高く、デジタル化で解決が図れる課題を選ぶ。効果や実現性の低い課題や、デジタル化が不要な課題は対象から外す。
- 「解決すべき課題」の中で、解決する仕組みのイメージが湧く課題を選び、早期に実現する課題がないか判断する。
- 課題を解決するアイデアを、業務プロセス、情報・ノウハウ、制度・ルール、組織・体制、職場環境の観点で集める。

2-7

業務の5要素を分析 改善ポイント見いだす

デジタル技術を使った課題の解決策を検討するには、
まず、現状の問題と発生原因を明らかにして改善ポイントを発見する。
2-7では5つの要素を使って改善ポイントを発見する方法を解説する。

　DXの目的を実現するために解決すべき課題を決めたら、いよいよデジタル技術を使った新しい業務の仕組みを「課題の解決策」として検討します。

　センサー、無線通信、ビッグデータ、AIなどのデジタル技術は、これまで事業部門であまり使われてこなかったため、ほとんどの現場担当者は十分に理解していません。そのため、事業部門に「何をデジタル化したいか」「デジタル技術をどう使いたいか」と聞いても、良い回答は期待できません。

　そこで課題の解決策の検討は、ITエンジニアなどのDX推進者側が主体で行います。もちろん、事業部門の中から「デジタル技術をこう使いたい」という意見が出れば、それを吸い上げて参考にします。

　2-7と2-8では、デジタル技術を使った課題の解決策の素案を検討し、事業部門の合意を得て決定する方法を解説します。村山さんのストーリーを交えて学んでいきましょう。

　　日経ITソリューションズの村山は、先週末に実施した「問題分析ミーティング」の結果を報告するため先輩SEの工藤を訪ねた。

まずは解決策を検討する
単位を決めることだ

えっ、解決策は
本質的課題ごとに
検討するのではないのですか

「おかげさまで問題分析ミーティングを無事に終了することができました」

「DXで解決すべき課題について事業部門から合意を得られたかな」

　工藤が穏やかな表情で質問した。

「はい、プロジェクトリーダー（PL）も検討メンバーも十分に納得してくれたと思います」

「よかった。DXでは解決する課題を事業部門と合意しておくのが重要だ」

　工藤の言葉を聞きながら村山はしっかりとうなずいた。

「次はいよいよデジタル技術を使った課題の解決策を検討します」

「そうか。まずは解決策を検討する単位を決めることだよ」

　工藤は村山を見つめながら言った。

「えっ、解決策は本質的課題ごとに検討するのではないのですか」

　村山は不安な様子で質問した。

「そうとは限らない。説明しよう」

4つの手順で解決策を決める

　「課題の解決策（以下、解決策）」とは、課題に直接関係する範囲を対象とした新しい業務の仕組みのことです。業務の仕組みは「業務プロセス」「情報・ノウハウ」「制度・ルール」「組織・体制」「職場環境（オフィス、設備、機器、人材など）」の5つの要素から構成されます。解決策の検討では、この5つの要素全ての変更内容を検討します。

　解決策とそれを実施することで期待できる効果を明らかにするのが、ステップ4「課題解決策の立案」です。手順1「解決策単位の決定」、手順2「改善ポイントの発見」、手順3「解決策の素案検討」、手順4「課題解決策の決定」の4つに分けて進めます。

　手順1「解決策単位の決定」では、ステップ3で決定した本質的課題の内容を確認し、解決策を検討する単位を決めます。手順2「改善ポイントの発見」では、現状の問題を発生させている原因を明らかにした上で、現行業務を改善するポイントを発見します。

　手順3「解決策の素案検討」では、現行業務を改善するポイントを踏まえて、解決策の素案をITエンジニアなどの推進者側主体で検討します。

　DXで解決策を検討する際には、「アナログプロセスの形式知化・標準化」と「アナログ情報のデータ化・活用」という2つのアプローチが有効です。

　「アナログプロセスの形式知化・標準化」は、全体としては問題の発生している組織や人が多いものの、特定の組織や人には問題が発生してないときに有効なアプローチです。「上手にやれている組織・人」と「上手にやれていない組織・人」との差異に着目し、前者が業務を進めるときの手順や行動、動作を調査・整理して、新しい業務の仕組みに取り入れます。

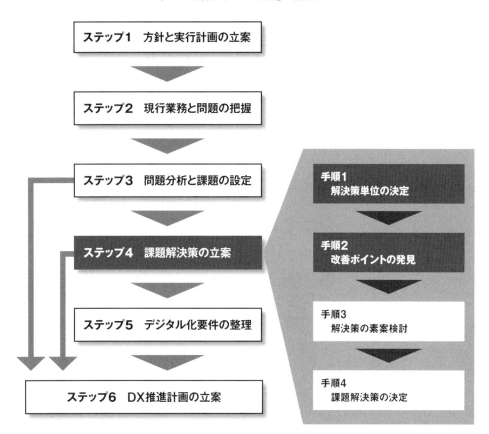

要件定義ステップ4「課題解決策の立案」の手順

ステップ4「課題解決策の立案」の手順1「解決策単位の決定」と
手順2「改善ポイントの発見」を解説する

ステップ1 方針と実行計画の立案

ステップ2 現行業務と問題の把握

ステップ3 問題分析と課題の設定

ステップ4 課題解決策の立案

ステップ5 デジタル化要件の整理

ステップ6 DX推進計画の立案

手順1
解決策単位の決定

手順2
改善ポイントの発見

手順3
解決策の素案検討

手順4
課題解決策の決定

解決策を検討する2つのアプローチ

　もう1つのアプローチである「アナログ情報のデータ化・活用」は、問題の発生原因を取り除くために、アナログ情報の活用を考えます。問題の解決に有効なアナログ情報を発見し、その情報をデータ化する方法や業務で活用す

る方法を具体化します。

　ここでのアナログ情報とは、これまでシステムで管理されてこなかった設備・機器・モノの状況や状態、組織・人の行動や動作などに関する情報です。

　手順4「課題解決策の決定」では、DX推進者側主体で作成した解決策の素案を事業部門の代表者であるPLや検討メンバーにレビューして解決策の内容を固めます。

　2-7では、以降で手順1「解決策単位の決定」と手順2「改善ポイントの発見」の進め方を詳しく説明します。

類似性から検討単位をまとめる

　ステップ3で決定した課題のうち、いくつかの課題は、同じ、または似ている業務のやり方をすることで解決できることがあります。そのような課題の解決策を個別に検討すると、検討が非効率になります。

　そこで、手順1「解決策単位の決定」では、解決策を効率良く検討するために、同一または似ている業務の仕組みによって解決が図れる課題をまとめ、解決策を検討する単位を決めます。

　最初に本質的課題それぞれについて、改善が必要な業務機能と解決の方向性を明らかにします。業務機能を明らかにする際にはステップ2で作成した「現行業務リスト」や「現行業務機能関連図」を、解決の方向性を明らかにする際にはステップ3で作成した「解決策検討シート」をそれぞれ参考にします。

　例えば「製造装置の状態の監視を手間少なく短時間で行えるようにする」という課題は、「完成品製造で使用する製造装置の巡回監視」が改善を要する業務機能になります。解決の方向性は「製造装置にセンサーを設置して、稼働状態を自動監視する」になります。

　次に本質的課題の中で、改善が必要な業務機能や解決の方向性が同一または似ている課題があれば、解決策の検討単位をまとめます。例えば「製造装

「解決策単位の決定」の例

**解決策を効率良く検討するために、改善が必要な業務機能や解決の方向性が同一
または似ている課題があれば、解決策の検討単位としてまとめ、検討する解決策の名称を決める**

完成品製造　　**解決課題**　完成品製造での進捗遅れの発生を抑える

本質的課題	改善が必要な業務機能	解決の方向性	解決策の名称
経験の浅い担当者でも容易に作業内容を理解できるようにする	完成品製造での組立作業	完成品製造での組立作業の手順を詳細化する	組立作業手順の詳細化による進捗遅れの削減と早期発見
管理者が作業進捗の遅れを早期に発見できるようにする	完成品製造での組立作業の進捗管理	詳細化した作業手順単位で進捗を報告・管理する	
製造装置の状態の監視を手間を少なく短時間で行えるようにする	完成品製造で使用する製造装置の巡回監視	製造装置にセンサーを設置して稼働状態を自動監視する	製造装置の稼働状態の自動監視による突発停止の未然防止
製造装置の異常が発生する予兆や傾向を分析・共有する	完成品製造で使用する製造装置の巡回監視	製造装置の異常発生情報を分析して予兆や傾向を検知する	
完成品の外観検査を人手をかけずに短時間で行えるようにする	完成品の形状、寸法、キズなどの外観検査	先進検査装置により完成品の外観異常の発見を自動化する	完成品外観検査の自動化による、検査の効率化と納期短縮

> 解決の方向性が類似
> →同一の解決策として検討

> 改善が必要な業務機能が同じ
> →同一の解決策として検討

置の状態の監視を手間を少なく短時間で行えるようにする」と「製造装置の異常が発生する予兆や傾向を分析・共有する」はどちらも改善を要する業務機能が「完成品製造で使用する製造装置の巡回監視」であるため、検討単位をまとめています。

　最後に、解決策を検討する単位ごとに解決策の名称を決めます。マイルス精工の例では、先の2つの課題の解決策に「製造装置の稼働状態の自動監視による突発停止の未然防止」という名称を付けています。

　「解決策の検討単位を決める目的と方法がよく理解できました」
　　村山は納得した表情で言った。

「課題ごとに解決策を検討すると手間のかかることがあるから気をつけたほうがいいよ」

　工藤が笑顔で答えた。

「はい、気をつけます。次に、解決策を検討する方法を教えてください」

「課題からいきなり解決策を考えるのは難しい。まずは現行業務の改善ポイントを発見するんだ」

　工藤の言葉を理解できず村山は表情を曇らせた。

「具体的に教えていただけますか」

「OK。説明しよう」

現状で発生している問題を確認する

　本質的課題の内容を理解し、改善が必要な業務機能と解決の方向性を明らかにしても、それを参考に解決策を検討することは容易ではありません。そこで手順2「改善ポイントの発見」では、解決策を検討する前段として、現行の業務の仕組みを改善するポイントを発見します。

　現行業務の改善ポイントを発見する際には、「改善ポイントツリー」というツールを活用することが有効です。改善ポイントツリーは、業務の仕組みを構成する5つの要素（業務プロセス、情報・ノウハウ、制度・ルール、組織・体制、職場環境）ごとに、現状の問題を発生させている原因と、それを取り除くための改善ポイントを整理するワークシートです。

　手順2ではまず、検討する解決策ごとに、改善が必要な業務機能で発生している現状の問題を確認します。マイルス精工の「完成品製造で使用する製造装置の巡回監視」で発生している現状の問題は、「多くの製造装置を1人で巡回監視するため、時間がかかり異常に気付けないことがある」です。

「改善ポイントツリー」の例

改善ポイントツリーを活用し、業務の仕組みを構成する5つの要素ごとに、
現状の問題を発生させている原因を明らかにし、それを取り除くための改善すべきポイントを発見する

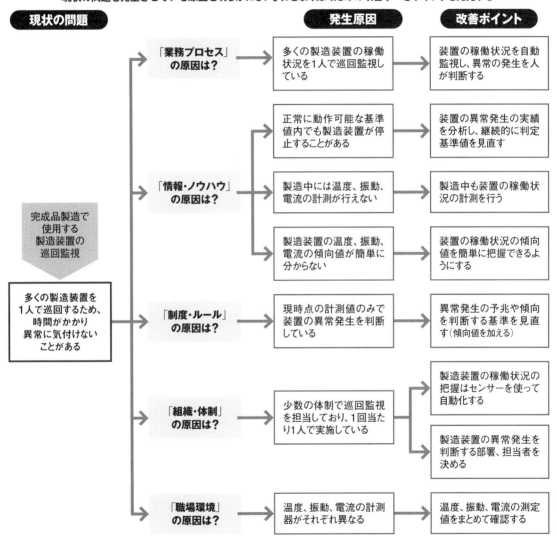

5つの要素で問題の発生原因を把握する

次に、業務の仕組みを構成する5つの要素それぞれについて、現状の問題を発生させている原因を明らかにします。その際には、5つの要素の現行内容のどういう点により問題が発生しているのかを考えます。

特に「組織・体制」と「情報・ノウハウ」については、解決策の検討を意識して原因を確認します。

具体的には、「組織・体制」では「担当する組織や人により実施方法や、保有する知識やスキルが異なる」ことが原因になっていないかを確認します。もし原因があれば、先に説明した「アナログプロセスの形式知化・標準化」の考え方を使って解決策を検討します。

「情報・ノウハウ」では「業務を行う上で有効なアナログ情報が活用されていない」という原因がないかを確認します。もしあれば、「アナログ情報のデータ化・活用」という考え方を使って解決策を検討します。

例えば、先の「多くの製造装置を1人で巡回監視する」という問題は、「組織・体制」の要素で「担当者による実施方法や知識、スキルの違いによる原因」は確認されませんでした。一方、「情報・ノウハウ」については、「正常に動作可能な基準値内でも製造装置が停止することがある」「製造中には温度、振動、電流の計測が行えない」「製造装置の温度、振動、電流の傾向値が簡単に分からない」といったアナログ情報の活用に関する原因が確認されました。

現行業務の改善ポイントを発見する

現状の問題を発生させている原因を明らかにしたら、5つの構成要素をどのように改善すると有効かを「改善ポイント」として考えます。

先の例では、「業務プロセス」の要素から「センサーを使って製造装置の稼働状況を自動監視し、異常の発生を人が判断する」、「情報・ノウハウ」の要素

から「装置の異常発生の実績を分析し、継続的に判定基準値を見直す」、「制度・ルール」の要素から「異常発生の予兆や傾向を判断する基準を見直す(傾向値を加える)」、「組織・体制」の要素から「製造装置の異常発生を判断する部署、担当者を決める」、「職場環境」の要素から「温度、振動、電流の測定値をまとめて確認する」などの改善ポイントを明らかにしています。

2-7のポイント

- ステップ4「課題解決策の立案」は、手順1「解決策単位の決定」、手順2「改善ポイントの発見」、手順3「解決策の素案検討」、手順4「課題解決策の決定」の4つの手順で進める。

- 解決策とは、課題に直接関係する範囲を対象とした新しい業務の仕組みのこと。

- 解決策を効率良く検討するには、同一、似ている業務の仕組みで解決が図れる課題を検討単位としてまとめる。

- 解決策を検討する前段で、現行の業務の仕組みを改善するポイントを、5つの要素(業務プロセス、情報・ノウハウ、制度・ルール、組織・体制、職場環境)ごとに整理する。

2-8

2つのアプローチで効果的な解決策を検討

「アナログプロセスの形式知化」と「アナログ情報のデータ化」。
どちらもデジタル技術を使った解決策を検討する際に有効なアプローチだ。
2-8ではDX推進者が主体で解決策を検討する方法を中心に解説する。

　DXを成功させるには、新しい仕組みを構築する前に、「どの業務を、デジタル技術を使ってどう変えるのか」を明らかにして、事業部門から合意を得ることが重要です。それがステップ4「課題解決策の立案」の役割です。

　2-7でも簡単に触れましたが、解決策を検討する際には「アナログプロセスの形式知化・標準化」と「アナログ情報のデータ化・活用」という2つのやり方が有効です。前者では、これまで形式知化されていなかった業務遂行力の高い社員の知恵を形式知化して新しい業務の仕組みに取り入れます。後者では、業務の遂行に役立つ、これまでシステムで管理されていなかったアナログ情報をデータ化し活用します。

　2-8では2-7に続いて、ステップ4の具体的な進め方を解説します。ITエンジニアなどのDX推進者が主体となり、上記の2つのやり方によって解決策の素案を作成し、事業部門がレビューして決定する手順3、手順4のやり方を詳しく見ていきます。村山さんのストーリーを交えて学びましょう。

　マイルス精工の「工場DXプロジェクト」を担当する村山は先輩SEの工藤から、課題の解決策を作成する方法について教えを受けている。

「現行業務の改善ポイントを見つける方法が理解できました」

「改善ポイントを押さえておくと解決策が検討しやすいよ」

　　工藤が穏やかな表情で言った。

「他に解決策を検討する際に良いやり方があったら教えてください」

「DXならではの解決策の検討方法が2つある。アナログプロセスの形式
知化とアナログ情報のデータ化だ」

「なんですかそれは！」

　　村山が目を輝かせて聞き返した。

「了解。詳しく説明しよう」

アナログプロセスの形式知化・標準化

　手順3「解決策の素案検討」では、現行業務の改善ポイントを参考にして解
決策の素案を検討します。その際に有効なのが、先に示した2つの方法です。

　まず「アナログプロセスの形式知化・標準化」は、業務の仕組みを見直すこ
とで解決したい現状の問題が「担当する組織・人の多くで発生しているもの
の、一部の組織・人では発生していない」ときに有効な解決策の検討方法で
す。「上手にやれている組織・人」と「上手にやれていない組織・人」との業務

の実施方法（手順、行動、動作）の違いに着目し、前者のやり方を形式知化して新しい業務の仕組みに取り入れます。

　例えば、マイルス精工の「組立作業手順の詳細化による進捗遅れの削減と早期発見」は、「組立作業で進捗遅れや不良が発生しやすく、早期に発見できない」という現状の問題の解決策です。その中の「進捗遅れや不良の発生」は、完成品製造を担当する多くの作業員に当てはまりますが、一部の熟練作業員には当てはまりません。そこで、アナログプロセスの形式知化・標準化の考え方を使って解決策を検討します。

上手な組織・人のやり方を反映する

　最初に、解決策の検討対象となる業務機能と、その業務機能を構成する第2階層の業務機能を整理します。先の解決策の対象業務機能は「完成品製造の組立作業と進捗管理」、第2階層の業務機能は「完成品組立」「組立進捗管理」「進捗遅れ対応」「品質基準設定」です。

　次に、「上手にやれている組織・人」と「上手にやれていない組織・人」を選別し、問題の発生につながる両者の実施方法の違いを発見します。先の例では、熟練の作業員と一般の作業員で、第2階層の業務機能「完成品組立」での、半製品や部品を外装フレームに取り付ける単位（ユニット）にまとめる「ユニット組立」と、各ユニットと電源装置を電線などでつなげる「電装取付」を実施する際の動作に大きな違いがありました。

　そして、「上手にやれている組織・人」のやり方を新しい業務の仕組みに反映する方法を決めます。マイルス精工の例では、「完成品組立の作業手順を部品確認、ユニット組立、電装取付、フレーム取付の4つに詳細化して、熟練作業員のやり方を基に作業マニュアルを作る」「作業員が作業マニュアルを参照しながら作業を行えるようにする」「詳細化した4つの作業手順ごとに進捗を把握する」と決めました。

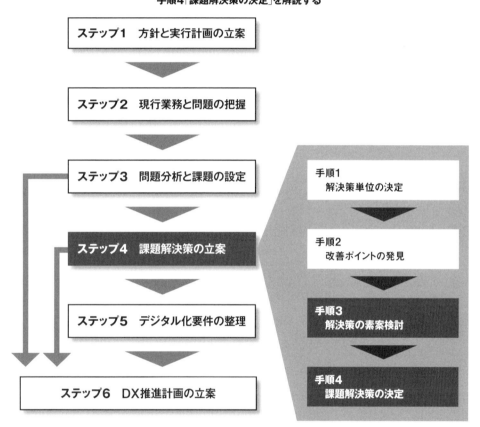

要件定義ステップ4「課題解決策の立案」の手順

ステップ4「課題解決策の立案」の手順3「解決策の素案検討」と
手順4「課題解決策の決定」を解説する

| ステップ1 | 方針と実行計画の立案 |

| ステップ2 | 現行業務と問題の把握 |

| ステップ3 | 問題分析と課題の設定 |

| ステップ4 | 課題解決策の立案 |

| ステップ5 | デジタル化要件の整理 |

| ステップ6 | DX推進計画の立案 |

手順1
解決策単位の決定

手順2
改善ポイントの発見

手順3
解決策の素案検討

手順4
課題解決策の決定

　さらに、「上手にやれている組織・人」のやり方を新業務に反映する方法を
踏まえて、第2階層の業務機能ごとに具体的な業務プロセスとそこで活用す
る情報を整理します。

　最後に、新しい業務プロセスを効果的、効率的に実施するために「制度・
ルール」「組織・体制」「職場環境」の要素で変更すべき内容をまとめます。先

「アナログプロセスの形式知化・標準化」による解決策の検討

**アナログプロセスの形式知化・標準化では、「上手にやれている組織・人」と
「上手にやれていない組織・人」との業務の実施方法の違いに着目し、
前者のやり方を新しい業務の仕組みに取り入れる**

解決策の名称 組立作業手順の詳細化による進捗遅れの削減と早期発見

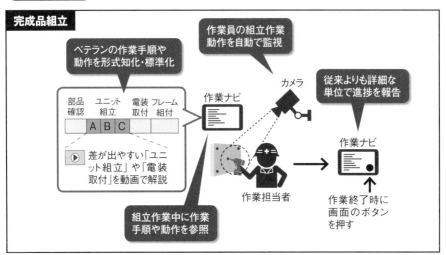

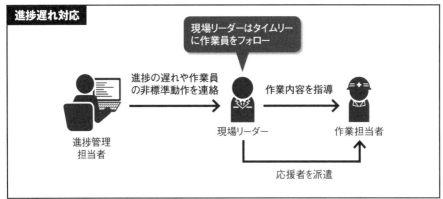

対象業務機能 完成品製造の組立作業と進捗管理

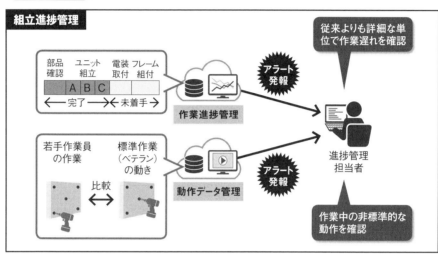

組立進捗管理

部品確認　ユニット組立　電装取付　フレーム組付

A B C

←　完了　→　←　未着手　→

作業進捗管理

従来よりも詳細な単位で作業遅れを確認

アラート発報

進捗管理担当者

若手作業員の作業

標準作業（ベテラン）の動き

比較

動作データ管理

アラート発報

作業中の非標準的な動作を確認

品質基準設定

検査報告書

品質不良が発生する原因の仮説を自動検知

AI

製造装置を変えるか手順を変えよう

不良実績の分析

品質不良原因（仮説）の報告

進捗管理担当者

品質管理担当者

組織・制度等の変更条件
・作業中に作業マニュアルを参照するレイアウトや機器を決める
・作業中に進捗遅れや動作不良が発生した場合の対応方法を決める　・・・

期待効果
・組立作業進捗遅れの早期発見による作業遅延時間の削減：（現状）○時・間/日 → （目標）△時間/日
・組立作業方法間違いの早期発見による不良発生の予防：（現状）□個/日 → （目標）◇個/日　・・・

の例では、「作業中に作業マニュアルを参照するレイアウトや機器を決める」などを洗い出しました。

アナログ情報のデータ化・活用

　「アナログ情報のデータ化・活用」は現状の問題を解決するために、これまで業務で使っていなかったアナログ情報の活用が有効なときに用いる解決策の検討方法です。問題解決に有効なアナログ情報を発見し、それをデータ化する方法や業務上で活用する方法を具体化して新しい業務に取り入れます。

　マイルス精工の解決策「製造装置の稼働状態の自動監視による突発停止の未然防止」では、「多くの製造装置を一人で巡回監視するため、時間がかかり異常に気付けないことがある」という現状の問題を解決します。そのために、「製造途中も含めた製造装置の稼働状況」「過去実績に基づいた異常発生の傾向」など、これまで活用していなかったアナログ情報のデータ化・活用の考え方を用いて解決策を検討します。

　アナログ情報のデータ化・活用でも、最初に、解決策の対象業務機能と、第2階層の業務機能を整理します。先の解決策では、「完成品製造で使用する製造装置の巡回監視」が対象業務機能となり、「稼働状況確認」「異常発生判断」「異常時対応」「異常発生基準設定」が第2階層の業務機能になります。

　次に、第2階層の業務機能ごとに、業務の品質や効率を改善するために有効なアナログ情報を整理します。先の解決策では、「稼働状況確認」では「製造中を含めた製造装置の温度、振動、電流の計測値の自動収集」、「異常発生判断」では「異常発生基準に基づく予兆アラートの発信」、「異常発生基準設定」では「過去実績に基づく異常発生傾向の初期値提供」などです。

　そして、業務で有効なアナログ情報の活用を実現するために、アナログ情報のデータ化方法と業務での提供方法を具体化します。先の例では「製造装置にセンサーを取り付けて温度、振動、電流の状態を測定する」「設備担当者

は温度、振動、電流の状態をまとめて確認する」などを具体化しています。

　さらに、アナログ情報のデータ化方法と業務での提供方法を踏まえて、第2階層の業務機能ごとに業務プロセスとそこで活用する情報を整理します。

　最後に、新しい業務プロセスを実施する上で「制度・ルール」「組織・体制」「職場環境」の要素で変更すべき内容をまとめます。先の例では、「製造装置の稼働状況を把握するセンサーと、計測値をまとめて表示する機器を設置する」などを洗い出しました。

　解決策によっては、これまで見た両方のやり方を使えることがあるので、検討に加えてください。

　解決策を検討したら、期待される効果を試算します。その際には、効果を測る基準値を決め、現状値を調査した上で解決策を実行した際の期待値と差分となる効果を試算します。先の解決策では「製造装置の稼働状況の確認時間」や「製造装置の異常発生の回数や停止時間」などが基準値になります。

　「デジタル技術を使った解決策の検討方法がよく理解できました」
　　　村山は納得した表情で御礼を述べた。
　「2つのやり方を使い分けて効果的な解決策を検討することが重要だよ」
　　　工藤が笑顔で答えた。村山はしっかりと頷いた。
　「次は検討した解決策を事業部門にレビューする方法を教えてください」
　「事業部門が理解しやすい資料を作ることが重要だ。詳しく説明しよう」

解決策を事業部門にレビューしてもらう

　手順4「課題解決策の決定」では、ITエンジニア主体で検討した解決策の素案を、事業部門の代表者であるプロジェクトリーダー（PL）や検討メンバーにレビューしてもらい解決策の内容を決定します。

　ここでは最初に、検討した解決策の素案を説明用の資料にまとめます。そ

「アナログ情報のデータ化・活用」による解決策の検討

**アナログ情報のデータ化・活用では、現状の問題の解決に有効なアナログ情報を発見し、
それをデータ化する方法と業務上で活用する方法を具体化して新しい業務の仕組みに取り入れる**

解決策の名称 製造装置の稼働状態の自動監視による突発停止の未然防止

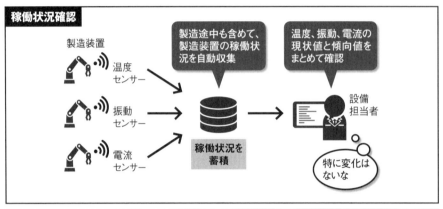

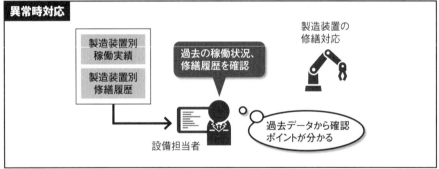

　の際、解決策として検討した新しい業務の仕組みが現状と比べてどう変わる
のかを、事業部門から見ても分かりやすく整理することが重要です。

　具体的には下記の5点に注意して資料を作成します。

・デジタル化に関係する業務だけでなく人が担当する業務も含めて記載する

・人が担当する業務の変化がはっきりと分かるように記載する

対象業務機能 完成品製造で使用する製造装置の巡回監視

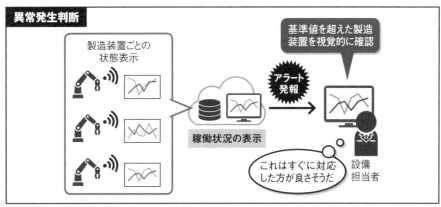

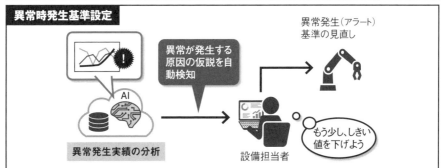

組織・制度等の変更条件　・製造装置の稼働状況を把握するセンサーと、計測値をまとめて表示する機器を設置
　　　　　　　　　　　　　・異常発生の実績（時点測定値、傾向値）から判断基準を見直す方法を決める　・・・

期待効果　・製造装置の稼働状況の確認時間の短縮：（現状）〇時間/日 → （目標）△時間/日
　　　　　　・製造装置の異常発生による停止時間の短縮：（現状）□時間/週 → （目標）◇時間/週　・・・

・解決策を実施することによるメリットを記載する

・業務プロセスや情報活用だけでなく制度や体制などの変更内容も記載する

・事業部門から見て分かりやすい用語、表現で記載する

　次に、プロジェクトリーダーと検討メンバーを集めて解決策の素案をレビューします。ここでは、解決策の内容と効果、業務遂行の実現性を確認します。PLや検討メンバーから受けた指摘を踏まえ、効果や実現性を高める上で必要があれば修正を加えて解決策を決定します。

　最後に、他の解決策に先行して早期に実現する解決策がないかを判断します。具体的には下記の観点で、先行して実現する解決策を選択します。

・期待効果が大きく実現性の高い解決策の効果を早期に創出する
・期待効果が大きく実現性の低い解決策の実効性を早期に検証する

　先行して実現する解決策については、ステップ5「デジタル化要件の整理」を行わずにステップ6「DX推進計画の立案」を実施します。

2-8のポイント

- DXでの解決策の検討では、「アナログプロセスの形式知化・標準化」と「アナログ情報のデータ化・活用」という2つのやり方が有効。
- アナログプロセスの形式知化・標準化では、「多くの組織・人で発生し、一部で発生していない問題」の解決に向け、業務遂行力の高い組織・人の知恵を形式知化する。
- アナログ情報のデータ化・活用では、問題解決に有効なアナログ情報を発見し、それをデータ化する方法や業務上で活用する方法を新しい仕組みに取り入れる。
- 解決策の説明資料は「人が担当する業務も記載」「業務の変化が分かるように記載」「実施によるメリットを記載」「制度や体制などの変更内容も記載」「分かりやすい用語、表現で記載」の5点に注意し作成。
- 期待効果が大きい解決策の中で、他の解決策に先行して実現する解決策がないかを判断する。

C O L U M N **2**
検討した内容を一律に実現してはいけない

　解決策のイメージが湧いたら早期に仕組みを具体化し、それに対する事業部門の意見を反映させると効果や実現性の高い仕組みを構築できる場合があります。また、DXで構築するシステムで扱うデータは業務上の用途によって異なり、データを蓄積・分析する方法や内容もそれぞれ異なります。

　そのためDXプロジェクトで新しく構築する業務の仕組みやシステム基盤を複数検討した場合は、全てを同時に具体化、実現する必要はありません。

　例えばマイルス精工の2つの解決策である「組立作業手順の詳細化による進捗遅れの削減と早期発見」「製造装置の稼働状況の自動監視による突発停止の未然防止」は、それぞれ個別に実現することが可能です。

　むしろ、事業部門がDXに積極的ではないことを考えると、検討した内容を一律に実現するよりも、重要な課題の解決につながる仕組み（業務の仕組みとシステム基盤）を早期に実現した方が、全体の意識は高まります。

　DXで早期に実現する仕組みを判断するタイミングは要件定義フェーズで3つあります。まず、ステップ3「問題分析と課題の設定」で、DXの目的を実現するために解決すべき課題を検討し、その重要性と実現性を評価するタイミングです。ここでは、解決すべき課題のうち重要性が高く新しい仕組みのイメージが湧き、実現性が高い課題について早期に実現するかを判断します。

　次に、ステップ4「課題解決策の立案」で、解決すべき課題に直接関係する範囲の新しい仕組みと期待効果を明らかにしたタイミングです。この段階で、期待効果が大きく、実現性の高い仕組みを早期に実現するかを判断します。また、期待効果は大きいものの実現性が低いと評価した仕組みについて、その実効性を検証するために、先行して準備を進めるかを判断します。

　そして、ステップ5「デジタル化要件の整理」で、対象範囲全体の新しい業務の仕組みとデジタル化要件を具体化したタイミングです。ここでは、新し

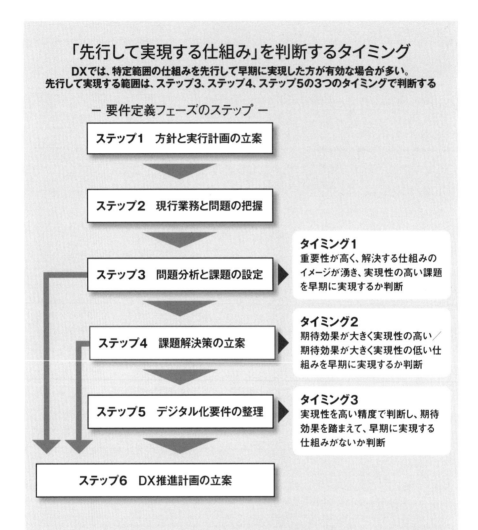

「先行して実現する仕組み」を判断するタイミング

DXでは、特定範囲の仕組みを先行して早期に実現した方が有効な場合が多い。
先行して実現する範囲は、ステップ3、ステップ4、ステップ5の3つのタイミングで判断する

－ 要件定義フェーズのステップ －

ステップ1　方針と実行計画の立案

ステップ2　現行業務と問題の把握

ステップ3　問題分析と課題の設定

タイミング1
重要性が高く、解決する仕組みの
イメージが湧き、実現性の高い課題
を早期に実現するか判断

ステップ4　課題解決策の立案

タイミング2
期待効果が大きく実現性の高い／
期待効果が大きく実現性の低い仕
組みを早期に実現するか判断

ステップ5　デジタル化要件の整理

タイミング3
実現性を高い精度で判断し、期待
効果を踏まえて、早期に実現する
仕組みがないか判断

ステップ6　DX推進計画の立案

い仕組みの実現性を高い精度で見積もり、期待効果を踏まえて早期に実現する、また先行して準備を進める範囲がないかを判断します。

　上記の3つのタイミングで先行して実現する仕組を判断したら、それ以降に実現する仕組みで扱うデータや蓄積・分析内容も想定して、実現手段となる技術や製品を選定します。

2-9

業務フロー図を作成し
デジタル化要件を抽出

新しい業務で必要なデジタル化要件を具体化するには、
まず、プロセスの異なる「業務場面」ごとに業務フローを作成する。
2-9では新しい業務を設計してデジタル化要件を具体化する方法を解説する。

　　2-9と次の2-10で、ステップ5「デジタル化要件の整理」の進め方を解説します。DXの対象範囲全体を対象に新しい業務の仕組みを設計し、そこで必要なデジタル技術を活用したシステム化の要件（デジタル化要件）を検討、決定するステップです。村山のストーリーを交えて学んでいきましょう。

　　日経ITソリューションズの村山は、解決策の素案を作成して、事業部門の代表者であるプロジェクトリーダー（PL）と検討メンバーにレビューし、そこで受けた指摘を反映して解決策の承認を得た。その報告と今後の進め方を相談するため、先輩SEの工藤を訪ねた。
「PLと検討メンバーから解決策の承認をもらいました」
「新しい業務で現状と何が変わるのか理解してもらえたかな」
　　工藤が穏やかな表情で質問した。
「はい。解決策の効果や実現性を理解してもらえたと思います」
「それはよかった」
　　工藤が笑顔でうなずいた。
「次は新しい業務フローを設計してデジタル化する内容を具体化します」

> 次は新しい業務フローを設計してデジタル化する内容を具体化します

> 業務フローを設計する前に業務場面を洗い出すことが重要だよ

「業務フローを設計する前に業務場面を洗い出すことが重要だよ」

工藤は村山を見つめながら言った。

「業務場面ですか」

　村山は不思議そうな顔で質問した。

「そうだ。同じ業務機能でも商品や顧客によってプロセスが異なることがあるからね」

　工藤の説明を聞いても村山は腑に落ちない様子だ。

「詳しく教えてください」

「OK。説明しよう」

3つの手順でデジタル要件を具体化する

　課題の解決策を決定したら、対象範囲全体の新しい業務の仕組みを設計した上で、デジタル化する内容を機能要件と非機能要件に分けて具体化します。それを行うのがステップ5「デジタル化要件の整理」です。

　ステップ5は、手順1「新しい業務の仕組みの設計」、手順2「機能要件の具体化と整理」、手順3「非機能要件の具体化と整理」の3つの手順に分けて進め

ます。

　手順1では、DXの対象範囲として決めた業務全体について新しい業務の仕組みを設計します。手順2では、デジタル技術を使った新しいシステムの機能要件を具体化します。手順3では、新しいシステムの基盤（インフラ）に関する要件を「非機能要件」として具体化します。以降では、手順1と手順2のやり方を詳しく解説します。

業務機能を洗い出し関連を整理する

　手順1「新しい業務の仕組みの設計」では、デジタル化の対象範囲として決めた業務全体を対象として新しい業務の仕組みを設計し、そこで必要なシステムの役割を明確にします。

　最初に、ステップ2で調査・整理した「現行の業務内容」と、ステップ4で検討・決定した「課題の解決策（以下、解決策）」の内容を基にして、新しい業務で必要になる業務機能を洗い出し、業務機能間の関連を整理します。

　具体的には、現行業務内容と解決策の内容を確認し、新たに必要な業務機能と不要な業務機能を明らかにし、「業務リスト」に整理します。例えばマイルス精工では、現状、担当者が設備の稼働状況を見て回る「設備巡回」という業務機能が必要です。しかし、新しい業務では、センサーを使って設備の稼働状況を自動で把握する想定のため、「設備巡回」という業務機能は不要と判断し、その代わりに「設備状況管理」という業務機能を追加しています。

　そして、業務機能同士のインプット／アウトプット関係、業務機能と外部組織とのインプット／アウトプット関係を「業務機能関連図」に整理します。
6つの観点で業務場面を洗い出す

　次に、新しい業務フローを設計する単位となる「業務場面」を洗い出します。同じ業務機能でも、商品や顧客などが違うと業務プロセスやデジタル化の内容が異なることがあるためです。

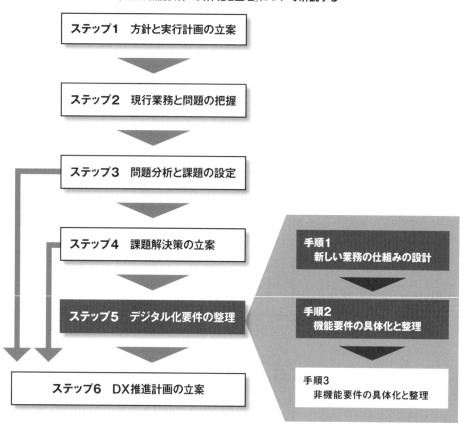

要件定義ステップ5「デジタル化要件の整理」の手順

**ステップ5「デジタル化要件の整理」の手順1「新しい業務の仕組みの設計」と
手順2「機能要件の具体化と整理」について解説する**

ステップ1　方針と実行計画の立案

ステップ2　現行業務と問題の把握

ステップ3　問題分析と課題の設定

ステップ4　課題解決策の立案

手順1
新しい業務の仕組みの設計

ステップ5　デジタル化要件の整理

手順2
機能要件の具体化と整理

ステップ6　DX推進計画の立案

手順3
非機能要件の具体化と整理

　マイルス精工の例では、同じ「設備状況管理」でも、完成品の製造で使用する設備と半製品の製造で使用する設備では、設備の状況を管理する業務フローが異なります。そこで、それぞれ別々に業務フローを作成します。

　業務場面を洗い出す際には、「商品・サービス」「顧客・得意先」「仕入先・取引先」「部署・場所」「時期・状況」「例外事象」の6つの観点の活用が有効です。

「新業務フロー図」の例

新しい業務フローの設計単位となる「業務場面」ごとに、業務プロセスとその実施順序、担当部署、システム化内容を「新業務フロー図」に整理する

対象業務機能 稼動状況管理　　**業務場面** 完成品製造で使用する設備の状況管理

業務機能	稼働状況確認	異常発生基準設定	異常発生判断	異常時対応

作業担当者

- 加工実施
- 修繕内容の確認

設備担当者

- 稼働状況の把握
- 分析結果の確認
- 異常基準の見直し
- 異常検知
- 製造装置の確認
- 修繕内容の検討
- 製造装置の修繕

加工結果　稼働状況　異常原因（仮説）　異常発生基準　アラート　過去の稼働実績　修繕履歴

システム

- 稼働状況蓄積
- 異常実績分析
- 異常基準管理
- アラート発報
- 稼働実績修繕履歴提供

「例外事象」とは、一定の頻度で発生する例外的な事象のことです。例えば「設備状況管理」では、設備の稼働状況を定期的に確認し、異常発生の未然防止を想定しています。しかし実際には、突発的に設備が停止する可能性があります。このような例外事象に対応する業務フローも作成しておきます。

　そして、洗い出した業務場面ごとに、業務プロセスとそれを実施する順序、担当部署、システム化内容を「新業務フロー図」に整理します。ここでは、担当部署の1つに「システム」という行を設けて、新しい業務でのシステムの役

121

「新システム機能整理表」の例

新しい業務フローで必要なシステム化内容を踏まえて、システム機能と開発単位となるサブシステムを「新システム機能整理表」に整理する

対象業務機能 稼働状況管理　　**業務場面** 完成品製造で使用する設備の状況管理

業務機能 第2階層	業務機能 第3階層	システム化内容	システム機能	サブシステム
稼働状況 確認	稼働状況 蓄積	・製造装置に設置した温度、振動、電流センサーから、稼働状況を収集し蓄積する	・稼働状況収集・蓄積機能	稼働状況管理 システム
	稼働状況の 把握	・蓄積した稼働状況の現状値と傾向値をまとめて、設備担当者に提供する	・稼働状況参照機能	稼働状況管理 システム
異常発生 基準設定	異常実績 分析	・異常発生実績を分析し、異常発生原因の仮説を導出する	・異常発生実績分析機能	異常実績分析 システム
	分析結果の 確認	・システムが分析した異常発生の仮説を、設備担当者に提供する	・異常原因（仮説）参照機能	異常実績分析 システム
	異常基準の 見直し	・異常原因の仮説をもとに、設備担当者が異常発生（アラート）基準を設定・修正する	・異常発生（アラート）基準 設定機能	異常基準情報 管理システム
	異常基準 管理	・異常発生（アラート）基準の設定値、変更履歴を管理する	・異常発生（アラート）基準 管理機能	異常基準情報 管理システム
異常発生 判断	***	***	***	アラート発報

割を明確にします。業務フローを実施する前提となる制度・ルール、組織・体制、職場環境の変更点も記載します。

DXで必要なデータ品質管理

　DXでは、「完成品製造」「設備管理」などの事業部門が担当する業務機能の他にも、業務場面を洗い出して業務フローを設計しておくべき業務機能があります。それが、アナログ情報のデータ化の状態を管理する「データ品質管理」という業務機能です。

　DXで構築する新しいシステムでは、センサーやデジタルカメラ、音声装

「新システム処理記述表」の例

**サブシステムで必要な入出力情報と関連する業務機能や他システムをDFDに整理したうえで、
出力処理、内部処理、入力処理を「新システム処理記述表」に整理する**

サブシステム 稼働状況管理システム

機能概要 製造装置に設置された温度、振動、電流センサーから稼働状況を収集し、
設備担当者へ製造装置別の稼働状況（現状値、傾向値）を提供する

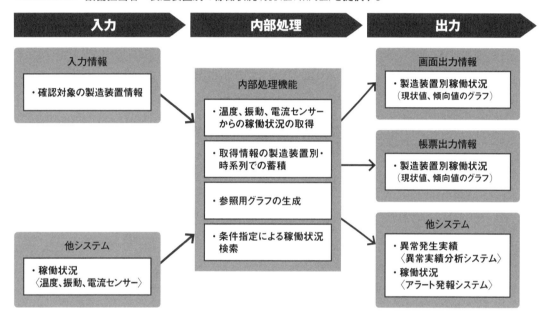

置などの入力手段を使ってアナログ情報をデータ化し、そのデータを無線通信を使って蓄積して業務で活用します。しかし、入力手段や無線通信の技術が進化したとはいえ、設備の状態や人の動作などをデータ化して蓄積するのは容易ではありません。

　そこで、アナログ情報が正しくデータ化されてるかを確認し、データ化されていない場合に緊急処置を行い、データ化の精度が上がるようにシステムを改善する必要があります。この業務をデータ品質管理と呼びます。

　このようにDXでは、データ品質管理が必要なデータを明らかにすることで「業務場面」を洗い出し、業務フローを作成します。マイルス精工の例では、完成品製造の進捗管理で使う「作業員の動作データ」、製造装置の稼働状況管理で使う「製造装置の状態データ」などを対象として業務場面を洗い出し、データ品質管理の業務フローを作成しています。

「業務場面を洗い出す目的と方法がよく理解できました」
　村山が納得した表情で言った。
「業務場面を洗い出してから業務フローを作らないと、デジタル化する内容に抜けが生じることがあるから気をつける必要があるよ」
　工藤が穏やかな表情で言った。村山はしっかりとうなずいた。
「次はデジタル化内容を整理する方法を教えてください」
「デジタル化する機能と入出力情報、処理内容を具体化するんだ」
「詳しく教えてください」
「OK。説明しよう」

機能・入出力情報・処理内容を具体化する

　手順2「機能要件の具体化と整理」では、新しい業務の仕組みで必要なシステム機能を抽出し、必要な入出力情報や、機能の処理内容を具体化します。
　まず、業務場面ごとに作成した新しい業務フローでのシステムの役割を踏まえて、必要なシステム機能を抽出し、「新システム機能整理表」に整理します。次に、抽出したシステム機能を活用する業務や必要とする情報などを踏まえて、システムの開発単位となる「サブシステム」を明らかにし、新システム機能整理表に追記します。
　そして、サブシステムで備える機能で必要な入力情報と、その機能で出力する情報、入出力情報をやり取りする業務機能や他システムを「新論理デー

タフロー（DFD）」に整理します。さらに、DFDの内容を踏まえて、「出力処理」「内部処理」「入力処理」の内容を「新システム処理記述表」に整理します。

　最後に、サブシステムごとに入力情報と出力情報の主要項目を「主要項目一覧表」に整理します。事業部門にとって気になる入出力情報については、その画面イメージを作成することもあります。

2-9のポイント
● ステップ5は、手順1「新しい業務の仕組みの設計」、手順2「機能要件の具体化と整理」、手順3「非機能要件の具体化と整理」の3つの手順で進める。 ● 現行業務内容と解決策の内容を基に、新しい業務で必要な業務機能を洗い出し、業務機能間の関連を整理する。 ● 業務場面ごとに業務プロセスと実施する順序、担当部署、システム化内容を業務フローに整理する。 ● 新しい業務フローで必要なシステム機能、入出力情報、システム機能の処理内容を整理する。

2-10

システムの非機能要件
8つの観点で検討・整理

DXで新たに構築するシステムの非機能要件を検討するには、
8つの観点から要望を集め、評価し、達成基準を決める。
2-10では、代表的なデジタル技術と非機能要件の検討方法を説明する。

　業務変革型DX(以下、DX)は、設備・機器の状態や人の動作や音声などの
アナログ情報をデータ化して蓄積・活用することで、業務の生産性や付加価
値を高める取り組みです。DXで構築する新しいシステムは、デジタル技術
が業務を実施する上で必要な設備や装置などとシステムをつなぐ役割を果た
します。

　センサー、無線通信、AIなどのデジタル技術は近年、目覚ましい進化を続
けています。用途が拡大する一方で、性能や信頼性、安全性などに不安が残
る場合があります。日常的な利用に適さない技術を採用すると、設備や装置
などに影響を与え、業務を混乱させるリスクがあります。

　そのためDXで構築する新しいシステムに採用する技術や製品を選択する
際には、「業務上での役割、用途を果たせるか」だけでなく、「日常的に使う
設備として必要な条件を満たせるか」も考慮して慎重な判断が必要です。

　性能や信頼性、安全性など、新しく構築するシステムが設備としてクリア
すべき条件を非機能要件といいます。DXでは、従来のシステム以上に非機
能要件の検討が重要になります。2-10では、DXで非機能要件を具体化する
方法を中心に解説します。それでは村山さんのストーリーを交えて学んでい

非機能要件の検討方法を
教えてください

非機能要件を検討するには
デジタル技術を理解して
おくことが重要だよ

きましょう。

　　日経ITソリューションズの村山は先輩SEの工藤から、デジタル化要件
の検討方法について教えを受けている。
「機能要件を具体化する方法が理解できました」
　　村山はうれしそうな表情で述べた。
「業務場面別に業務フロー図を作って、そこで必要なシステム機能を具
体化することが重要だよ」
　　工藤が穏やかな表情で応えた。
「はい。次は非機能要件の検討方法を教えてください」
「非機能要件はシステム基盤に関する要件だ。DXのシステム基盤で使わ
れるデジタル技術については理解してるかな」
「一応、勉強したつもりですが…」
　　村山が自信なさそうに答えた。工藤は笑顔でうなずいた。
「非機能要件を検討するにはデジタル技術を理解しておくことが重要だ
よ。復習も兼ねて説明しておこう」

システム基盤の非機能要件を決定する

　DXの要件定義ステップ5「デジタル化要件の整理」では、新しい業務の仕組みを設計した上で、デジタル化する内容を機能要件と非機能要件に分けて具体化します。ステップ5は、手順1「新しい業務の仕組みの設計」、手順2「機能要件の具体化と整理」、手順3「非機能要件の具体化と整理」の3つの手順に分けて進めます。今回は、手順3のやり方を詳しく解説します。

　手順3では、新しいシステムの基盤（インフラ）でクリアすべき性能、信頼性、安全性などの条件を「非機能要件」として具体化します。DXでは、これまであまり利用されてこなかったデジタル技術を使ってシステム基盤を構築するため、従来のシステム以上に非機能要件の検討が重要になります。

　ここではまず、DXで構築するシステム基盤と代表的なデジタル技術について解説します。

情報をデータ化する「収集基盤」

　DXのシステム基盤は大きく（1）収集基盤、（2）蓄積基盤、（3）分析基盤、（4）活用基盤の4つに分類されます。

　（1）収集基盤は、設備・機器の状態や人の行動や動作を取り込んでデータ化し、蓄積基盤に送信する基盤です。設備・機器や人、周辺環境の状態を取り込んでデータ化する「センサー」、画像情報や音声情報を取り込んでデータ化する「デジタルカメラ」「音声装置」、特定の周波数でデータを送受信する「無線通信機器」などが収集基盤で使われる代表的なデジタル技術です。

　収集基盤でデジタル技術を活用する際には、「取り付ける場所・位置は確保できるか」「情報の取り込みやデータ化は可能か」「取得したデータを送受信する環境を整えられるか」などに注意します。

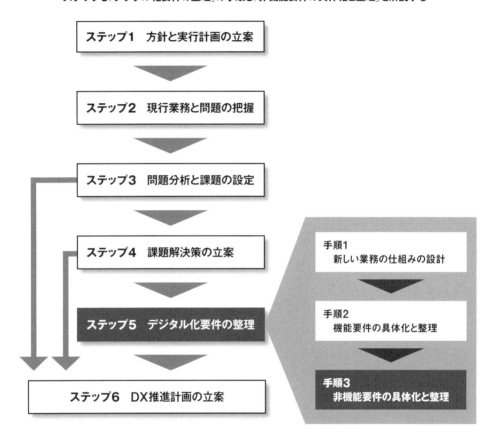

要件定義ステップ5「デジタル化要件の整理」の手順
ステップ5「デジタル化要件の整理」の手順3「非機能要件の具体化と整理」を解説する

ステップ1　方針と実行計画の立案

ステップ2　現行業務と問題の把握

ステップ3　問題分析と課題の設定

ステップ4　課題解決策の立案

ステップ5　デジタル化要件の整理

ステップ6　DX推進計画の立案

手順1
新しい業務の仕組みの設計

手順2
機能要件の具体化と整理

**手順3
非機能要件の具体化と整理**

データを蓄積する「蓄積基盤」

　(2) 蓄積基盤は、取得した多様なデータを集約・統合して蓄積する基盤です。インターネットなどのネットワーク経由でサービス・データを提供する「クラウド」、収集した多種多様な生データを元の形式のまま保管する「データレイク」、保管したデータを用途や目的に応じて、利用しやすい形に格納

する「データマート」、形式の異なる様々なデータを同一環境で使えるように編集する「データ加工・変換ツール」などが代表的な技術です。

　蓄積基盤を構築する際のデジタル技術の活用においては、「想定されるデータ量を保持することができるか」「分析・活用しやすい形式にデータを加工・変換できるか」などに注意する必要があります。

蓄積データを分析する「分析基盤」

　（3）分析基盤は、蓄積したデータを各種手法で分析して、判断に必要な情報を生成して提供する基盤です。最も注目される技術が、高度に知的な作業・判断を人工的システムで行う「AI」です。AIは既に、複数の画像／音声からの外れ値の検知、音声の翻訳・文章化などで実用化が進んでいます。AI以外にも、蓄積されたデータを利用者が用途に応じて分析・加工する「BIツール」、多量の数値データから最適条件を算定する「最適化ツール」、データを一覧やグラフなど視覚的にわかりやすい形式に表示する「ダッシュボード」などは分析基盤で使われる技術です。

　分析基盤でデジタル技術を活用する際には、「分析・提供に必要なスピード、精度を満たせるか」「分析する内容やデータの範囲を変更・拡張できるか」などに注意する必要があります。

分析結果を活用する「活用基盤」

　（4）活用基盤は、分析結果を活用し、人と共同で、もしくは人に代わって処理する基盤です。人の代わりに何らかの作業を自律的に行う「ロボット」、身につけて持ち運び、そのまま使用する「ウエアラブル端末」、持ち運び可能で、タッチパネルでデータの参照やソフトウエアを操作する「タブレット・モバイル端末」、現実世界の情報（映像・音声など）とコンピューター情報（業

DXで構築するシステム基盤

DXで構築するシステム基盤は大きく
（1）収集基盤、（2）蓄積基盤、（3）分析基盤、（4）活用基盤の4つに分類される

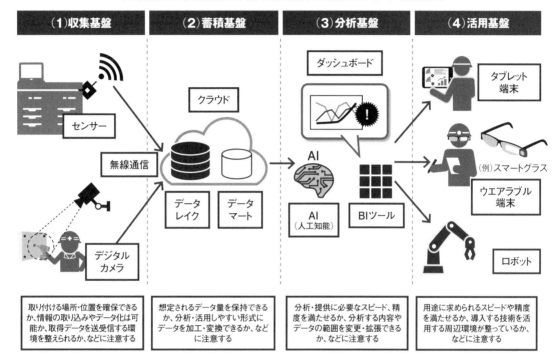

（1）収集基盤	（2）蓄積基盤	（3）分析基盤	（4）活用基盤
取り付ける場所・位置を確保できるか、情報の取り込みやデータ化は可能か、取得データを送受信する環境を整えられるか、などに注意する	想定されるデータ量を保持できるか、分析・活用しやすい形式にデータを加工・変換できるか、などに注意する	分析・提供に必要なスピード、精度を満たせるか、分析する内容やデータの範囲を変更・拡張できるか、などに注意する	用途に求められるスピードや精度を満たせるか、導入する技術を活用する周辺環境が整っているか、などに注意する

務データなど）を組み合わせて表現する「AR／VR」などが代表的な技術です。

　活用基盤でデジタル技術を活用する際には、「用途に求められるスピードや精度が満たせるか」「導入する技術を活用する周辺環境が整っているか」などに注意します。

　「ありがとうございます。DXでのシステム基盤と代表的なデジタル技術が理解できました」
　メモを取りながら聞いていた村山は、一息ついてからお礼を述べた。

「非機能要件整理表」の例

非機能要件の検討では、「非機能要件整理表」を使い、DXで構築するシステム基盤がクリアすべき条件を
8つの観点（性能、信頼性、操作性、運用性、セキュリティー、移行性、保守性、拡張性）で具体化して整理する

サブシステム　稼働状況管理システム

検討の観点	システム基盤への要望			関連する基盤・技術			検討方法
	要望	評価	達成基準	対象基盤	対象技術	関心事	
性能	既存の無線通信を利用して必要なデータを取得できるようにする	高	通信頻度毎分10回	収集基盤	無線通信	既存の無線通信がトランザクション頻度・量の増加に対応できるか	概念実証（PoC）フェーズで対応
	設備の状態変化をタイムリーに参照できるようにする	中	ユーザー参照時のレスポンス3秒以内	活用基盤	タブレット端末	工場で利用実績のある端末を採用する	基本設計で対応
信頼性	高温な製造装置からも必要なデータを取得できるようにする	高	情報取り込み率／データ化率100%	収集基盤	センサー	装置のどこにセンサーを設置すればデータを確実に取れるか	概念実証（PoC）フェーズで対応
操作性							
運用性							
セキュリティー	工場の機密情報（製品、工程、生産性…）が絶対に漏洩しないようする	高	情報漏洩事故0件	収集基盤蓄積基盤	センサーデータレイク	各基盤・技術のセキュリティーポリシー・暗号化などの技術で対応できるか	概念実証（PoC）フェーズで対応
移行性	・・・						
保守性	・・・						
拡張性	・・・						

「デジタル技術は日々進化しているから、活用するときには最新の状況を確認することが重要だよ」

　工藤が村山を見つめながら言った。

「はい、もっと勉強します。それではDXで非機能要件を検討する方法を教えてください」

「構築するシステム基盤でクリアすべき条件を8つの観点で決めるんだ」

「8つの観点ですか…？」

　村山が不思議そうな表情を浮かべた。

「OK。詳しく説明しよう」

非機能要件検討での8つの観点

　DXのシステム基盤で活用するデジタル技術は、用途がj拡大する一方、日常で利用するには性能や信頼性、安全性などに不安が残る場合があります。そのため、システム基盤を日常的に使う設備として使うためにクリアすべき条件を、非機能要件として定義します。

　非機能要件は、次の8つの観点で検討します。

性能：レスポンスや処理速度など

信頼性：稼働率、障害発生時の復旧 時間など

操作性：ユーザーインターフェース、帳票など

運用性：新しい業務やシステムの運用方法など

セキュリティー: ウイルスの検疫、データ漏洩対策など

移行性：新システムへの移行で必要なデータ変換など

保守性：システム保守の容易性など

拡張性：将来のサービスやシステム展開など

　これら8つの観点のうち性能、信頼性、操作性は主に事業部門の要望を基に具体化します。運用、セキュリティーについては事業部門とシステム部門の双方の要望を基に、移行性、保守性、拡張性は主にシステム部門の要望を基にそれぞれ具体化します。

システム基盤への要望を集める

　非機能要件の検討や整理では「非機能要件整理表」の活用が有効です。

　具体的には、まず、サブシステムごとに先の8つの観点でシステム基盤に対する要望を確認します。例えば、マイルス精工で構築するサブシステム「稼働状況管理システム」では、性能について「既存の無線通信を利用して必要なデータを取得できるようにする」、信頼性について「高温な製造装置からも必要なデータを取得できるようにする」などの要望が挙げられています。

　次に、それぞれの要望の重要性を「高」「中」「低」に分けて評価し、対策を検討する要望を「非機能要件」として決めます。マイルス精工での先の2つの要望は、どちらも重要性を「高」と評価し、非機能要件としました。

　そして、非機能要件について、クリアすべき基準を「達成基準」として明らかにします。マイルス精工での、「既存の無線通信を利用して必要なデータを取得できるようにする」では「通信頻度：毎分10回」を、「高温な製造装置からも必要なデータを取得できるようにする」では、「情報取り込み率／データ化率100％」を達成基準と決めています。

　達成基準の中に、絶対にクリアする必要のあるものと、できればクリアしたいものがある場合には、全社を「MUST」、後者を「WANT」と分けて整理します。

非機能要件の実現方法を決める

　非機能要件を決めたら、関連するシステム基盤と関係する技術を明らかにします。「既存の無線通信を利用して必要なデータを取得できるようにする」では収集基盤と無線通信機器が、「高温な製造装置からも必要なデータを取得できるようにする」では収集基盤とセンサーが該当します。

　そして、非機能要件を実現する上での関心事（気になること）を洗い出し

ます。「既存の無線通信を利用して必要なデータを取得できるようにする」については「既存の無線通信機器がトランザクションの頻度・量の増加に対応できるか」、「高温な製造装置からも必要なデータを取得できるようにする」では「装置のどこにセンサーを設置すればデータを確実に取れるか」が関心事として洗い出されました。

　最後に、非機能要件とシステム基盤、関連する技術の内容を踏まえて、非機能要件の実現手段を検討する工程と方法を決めます。

　DXで利用するデジタル技術は新しいものであることが多いため、リスクの高い技術については、業務上で適用可能かを先行して検証する「概念実証（PoC）」を設計工程の前に、あるいは並行して行います。マイルス精工での先の2つの要件は、設計工程と並行してPoCを実施することにしました。

　ステップ5で対象範囲全体の新しい業務の仕組みとデジタル化要件を検討したら、他の範囲の仕組みに先行して実現する範囲がないかを判断します。具体的には、対象範囲全体の中で独立して実現することが可能で、想定される効果が大きい業務の仕組みとデジタル化要件の中で、「早期に効果を創出する」「早期に実現性を検証する」という観点から先行して実現する必要がないかを判断します。

2-10のポイント

- DXの新しいシステムの基盤（インフラ）でクリアすべき性能、信頼性、安全性などの条件を「非機能要件」として具体化する。
- DXでは、デジタル技術を使ってシステム基盤を構築するため、従来のシステム以上に非機能要件の検討が重要。
- 非機能要件は、8つの観点（性能、信頼性、操作性、運用性、セキュリティー、移行性、保守性、拡張性）から検討する。
- リスクの高いデジタル技術は、業務上で適用可能かを検証する「概念実証（PoC）」を、設計工程前か設計工程と並行して実施する。

2-11

DXは短期で成果出ない 計画的に推進する

DXはデータを蓄積・活用することで徐々に成果を上げる取り組みだ。
構築、導入、定着化、成果創出の各段階でKPIを設定して計画的に進める。
2-11ではDXで成果を創出するための推進計画の立案方法を解説する。

　業務変革型DX（以下、DX）は、多くの企業にとって新しい取り組みです。
事業部門はDXに不安を持ち、積極的ではないことがあります。

　そのため、要件定義で検討した業務やシステムを現場に展開して成果を上
げるには、それ以降の推進計画を慎重に検討する必要があります。

　2－11では、DXの要件定義フェーズ最後のステップであるステップ6「DX
推進計画の立案」の進め方を解説します。村山さんのストーリーを交えて学
んでいきましょう。

　　日経ITソリューションズの村山は、マイルス精工のIT部と一緒に検討
　したデジタル化要件を、事業部門の代表者であるプロジェクトリーダー
　（PL）と検討メンバーにレビューしてもらい承認を受けた。その報告で
　先輩SEの工藤を訪ねた。
　「PLと検討メンバーからデジタル化要件の承認をもらいました」
　「そうか！事業部門からPoC（概念実証）の協力は得られそうかな」
　「はい、検討メンバーの所属する部署が協力してくれるそうです」
　　村山がうれしそうに言った。

「それはよかった」

　工藤が笑顔でうなずいた。

「次はいよいよ後続フェーズの推進計画を作ります」

「DXではすぐに効果を出すことが難しい。推進の段階に応じてKPI（重要な評価指標と目標）を設定することが重要だよ」

　工藤がしっかりとした声で言った。

「詳しく教えてください」

「OK。説明しよう」

3つの手順で推進計画を立案する

　ステップ6「DX推進計画の立案」では、手順1「DX全体計画の作成」、手順2「直近フェーズ実行計画の作成」、手順3「DX推進計画のオーソライズ」の3つの手順に分けて、要件定義が終わった後の推進計画をまとめます。

　手順1「DX全体計画の作成」では、新しい業務の仕組みとそこで必要なシステムを構築して現場へ展開し、成果を創出するまでのフェーズレベルのタ

スクとスケジュールを整理します。手順1は「ステップ3で決めた先行して早期に解決を図る課題」「ステップ4で決めた先行して早期に実現する解決策」「ステップ5で決めた先行して早期に実現する範囲」「それ以外の範囲」それぞれを対象に実施します。手順1で全体計画を作成する際には、DXを推進する考え方と、要件定義の後に実施するフェーズレベルの一般的なタスクを理解しておくことが有効です。まずは、これについて説明します。

段階に応じたKPIを設定する

DXで構築する業務の仕組みは、アナログ情報をデジタル化して蓄積・活用することで徐々に成果が出てくるものです。多くの場合、短期間での成果は期待できません。

そこで、新しい業務の仕組みの構築、導入、定着化、成果創出の段階に合わせて評価基準となるKPIを設定し、計画的に展開することが重要です。具体的には、「新しい仕組を作る」「アナログ情報をデータ化して蓄積する」「蓄積されたデータを分析・活用する」「新しい仕組みを定着化する」「ビジネス上で成果を出す」という観点でKPIを設定します。

また、DXは新しい取り組みであるため、新しい業務やシステムを、特定の部署で先行的に導入し、実現性を評価してから導入する部署を広げ、さらなる仕組みの改善につなげます。そこで、DXを推進する際には、要件定義フェーズの後に、それぞれKPIを設定して「試行展開フェーズ」「全体展開フェーズ」「改善・発展フェーズ」を実施することが一般的です。

試行展開フェーズで実現性を検証する

試行展開フェーズでは、要件定義で検討した業務の仕組みやシステムを構築し、その実現性を評価するために、特定の部署を選んで先行的に導入しま

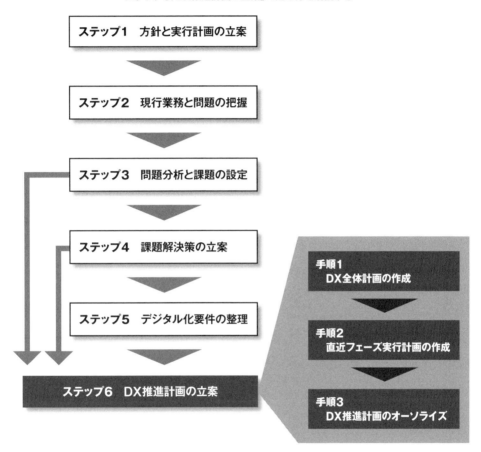

要件定義ステップ6「DX推進計画の立案」の手順
ステップ6「DX推進計画の立案」の進め方を解説する

| ステップ1　方針と実行計画の立案 |

| ステップ2　現行業務と問題の把握 |

| ステップ3　問題分析と課題の設定 |

| ステップ4　課題解決策の立案 |

| 手順1 DX全体計画の作成 |

| ステップ5　デジタル化要件の整理 |

| 手順2 直近フェーズ実行計画の作成 |

| ステップ6　DX推進計画の立案 |

| 手順3 DX推進計画のオーソライズ |

す。先行的に導入する部署は、「導入する仕組みに関係する問題を抱えている」「新しい仕組みに理解があり協力的」などの条件で選びます。

　ここでは主に、「アナログ情報をデータ化して蓄積する」「蓄積されたデータを分析・活用する」という観点でKPIを設定し、目標に対する状況を把握・評価します。

目標を達成できていない場合には、システムと人が担当する業務の両面から原因を究明して対策を検討し、業務の仕組みやシステムを改善します。

全体展開フェーズで成果を創出する

特定の部署で業務やシステムの実現性を確認したら、全体展開フェーズを実施し、新しい業務やシステムを、対象とする全ての部署に段階的に導入します。ここでは主に、「新しい仕組みを定着化する」「ビジネス上で成果を出す」という観点でKPIを設定し、目標に対する状況を把握・評価します。

「ビジネスでの成果」に関するKPIは、業務の品質、生産性、スピードに関する成果と、その結果として得られる売り上げ、コスト、利益などの経営的な成果に分けて設定します。

最後に、改善・発展フェーズでは、導入した業務の仕組みでのデータの蓄積状況や活用状況を評価して、業務やシステムを大きく改善するポイントや、付加価値を向上する新たな利用シーンを発見して、新たなDXの「企画立案」につなげます。

プロジェクトの状況に応じて修正する

手順1「DX全体計画の作成」では、これまでに説明したDX推進の考え方と一般的に実施するフェーズを参考にして、実際のプロジェクトに見合ったフェーズに変更します。

例えば、新しい仕組みの導入部署が限られていたり、活用する技術の性能や信頼性が安定したりしているのであれば、試行展開フェーズを省略します。また、システム構築に多くの作業や時間がかかるのであれば、試行展開フェーズを「システム構築」と「先行部署導入」の2つのフェーズに分けます。

「DXの全体計画と直近フェーズの実行計画」の例

ステップ6「DX推進計画の立案」では、要件定義が終わった後の新しい業務やシステムの構築や
定着化をどう進めるかについて、全体計画と直近フェーズの実行計画にまとめる

```
フェーズ1       フェーズ2       フェーズ3       フェーズ4       フェーズ5
企画立案        要件定義        試行展開        全体展開        改善・発展
```

工場DXプロジェクト 施行展開フェーズ	202X年		202Y年	
	上期	下期	上期	下期
ステップ1　特定技術のPoC	→			
ステップ2　基本設計	→			
ステップ3　詳細設計		→		
ステップ4　建設・テスト		→		
ステップ5　ユーザー教育		→		
ステップ6　試行展開			→	
ステップ7　試行状況把握			→	
ステップ8　評価・改善			→	

「DX推進の考え方と全体計画の作り方がよく理解できました」

　村山が納得した表情で礼を述べた。「マイルス精工の幹部や関係者に
も理解してもらうことが重要だよ」

　工藤が穏やかな表情で言った。村山はしっかりとうなずいた。
「次は直近フェーズの実行計画を立案する際の注意点を教えてください」
「作業項目、体制、スケジュールを検討してから、リスクを分析して修
正するんだ。詳しく説明しよう」

直近フェーズの実行計画を作成する

　手順1「DX全体計画の作成」に続く手順2「直近フェーズ実行計画の作成」では、要件定義フェーズのすぐ後に実施するフェーズの実行計画を作成します。ここでは、作業項目、推進体制、スケジュール、コスト・リソースなどを整理した上で、リスク分析を行って修正をかけます。

　まず、直近フェーズで必要になる作業項目を洗い出し、実施する内容を定義します。例えば、試行展開フェーズでは、「特定技術のPoC」「基本設計」「詳細設計」「建設・テスト」「ユーザー教育」「試行展開」「試行状況把握」「評価・改善」などの作業項目が必要です。

　次に、直近フェーズでの検討や実行に必要な役割（プロジェクトマネジャー、プロジェクトリーダー、システム開発メンバー、詳細業務内容検討メンバーなど）と、それぞれの役割に求められる条件（スキル、ノウハウ、経験、権限など）、その条件に見合ったメンバーを推進体制として明らかにします。

　要件定義の段階でメンバーの選定が難しい場合には、役割と条件だけを整理しておきます。そして、直近フェーズの作業項目を実施するのに必要な期間と、作業項目の実施順序を明らかにしてスケジュールをまとめます。さらに、洗い出した作業項目を実施するのに必要なコストとリソース（メンバー、設備、機器、備品）を整理します。

DX推進での2つのリスク

　作業項目、推進体制、スケジュール、コスト・リソースを整理したらリスク分析を行います。

　DXでは、デジタル技術を使って設備や機器などとシステムをつなぎ、アナログ情報をデジタルデータ化して蓄積・活用します。そのため、従来のシ

「リスク想定シート」の例

リスク分析では、「リスク想定シート」を使って、発生するリスクとその原因を想定し、予防対策と発生時対策を検討して業務の仕組みや実行計画を修正する

対象業務・システム	想定されるリスク				リスクの発生原因	予防対策	発生時対策	
	リスク内容	重大性	可能性	評価			対策内容	タイミング
完成品製造での組立作業と進捗・品質管理	詳細な作業手順や動作のデジタル化が進まない	大	中	○	・デジタル化が必要な作業や動作が多い ・デジタル化に熟練作業員の協力が得られない	・デジタル化する作業や動作を洗い出し、優先順位を付ける ・デジタル化に対し、熟練作業員から協力を取り付ける	・デジタル化した範囲の作業、動作から順次実行する	詳細設計の着手前
	マニュアルを参照して作業した結果、効率が低下する	中	高	○	・マニュアル化した内容が理解しにくい ・マニュアルを参照するのに手間がかかる	・一般の作業員に分かりやすくマニュアル化する ・マニュアルを見やすい場所、方法で提供する	・効率の低下した作業を明らかにして、マニュアルの内容、表示場所、方法を見直す	施行状況を把握した後、即時
完成品製造で使用される装置の稼働状態管理	高温な製造装置から情報が取り込めない	小	中	○	・情報を取り込むセンサーの性能、信頼性が不十分	・PoCで情報の取り込みやデータ化の性能、信頼性を十分に検証する	・情報が取り込めない装置のみ従来のやり方で状態を把握する	施行状況を把握した後、即時
	集めたデータからウイルスが侵入し、システム障害が起きる	大	低	○	・システムのセキュリティーガードが弱い ・ウイルスの侵入が早期に発見できない	・PoC、テストでウイルスの侵入・拡大防止策を十分検証する ・新しい仕組みにウイルスの侵入を検知する施策を組み込む	・ウイルスの侵入が発見された場合、即座にシステムを停止する	試行展開の開始時

ステム以上に様々なリスクdの発生が想定されます。そこで、重大な影響につながるリスクや、発生する可能性の高いリスクを事前に想定し、リスクが発生しないように、発生しても大きな影響が出ないように対策を講じておきます。

　業務の仕組みやシステムを構築・展開するときのリスクは2つあります。1つは、業務の仕組みやシステムを構築するときの障害になるリスク（実行時障害）。もう1つは、新しい業務やシステムを展開したときに発生する業務や

ビジネスでの好ましくない影響（マイナス影響）です。

　マイルス精工の例では、「熟練作業員の作業手順や動作のデジタル化が進まない」「PoCを実施した結果、高温な製造装置からアナログ情報が取り込めない」などが実行時障害です。また、「詳細化したマニュアルを参照して作業を実施した結果、従来より効率が落ちる」「製造装置から集めたデータにウイルスが侵入してシステム障害が起きる」などがマイナス影響です。

予防対策と発生時対策を検討する

　リスク分析では、「リスク想定シート」を使い、実行時障害とマイナス影響を想定し、それが発生したときの影響の大きさ（重大性）と発生する可能性（可能性）を評価して対策を検討しておきます。

　まず、発生する可能性のあるリスクを洗い出します。実行時障害は、直近フェーズで実施する作業項目について、「不慣れな作業」「新しい技術・製品を使う作業」「期間やリソースがタイトな作業」などの観点で洗い出します。また、マイナス影響の洗い出しでは、「顧客や調達先への影響」「事業部門への影響」「関連システムへの影響」などの観点を使います。

　次に、洗い出したリスクそれぞれの重大性と可能性を評価して、対策を検討するかどうかを判断します。対策を検討すると判断したリスクについて、その発生原因を想定し、リスク発生を防止する「予防対策」を検討します。また、リスクが発生した際の影響を極小化する「発生時対策」と、それを実施するタイミングも検討します。

　リスク分析の結果を踏まえ、新しい業務の仕組みやシステム化内容の修正、実行計画の作業項目や推進体制、スケジュールの追加や変更などを行います。

2-11のポイント

- ステップ6「DX推進計画の立案」は、手順1「DX全体計画の作成」、手順2「直近フェーズ実行計画の作成」、手順3「DX推進計画のオーソライズ」の3つの手順で進める。
- DXで構築する仕組みは短期間での成果は期待できない。仕組みの構築〜導入〜定着化〜成果創出の段階に合わせてKPIを設定し、計画的に展開する。
- 要件定義の後に実施するフェーズの実行計画には、作業項目、推進体制、スケジュール、コスト・リソースなどを整理し、リスク分析を行って修正をかける。
- リスク分析では、実行時の障害とマイナス影響を想定し、発生したときの影響の大きさと発生する可能性を評価した上で対策を検討する。

2-12

手間かかる要件定義
先行事例を使い効率化

DXは新しい取り組みなので要件定義の検討には手間と時間がかかる。
同じような取り組みをした先行事例を参考にすることで効率的な検討が可能。
2-12では先行事例を使って要件定義を効率的に検討する方法を解説する。

　多くの企業にとってDXは新しい取り組みです。そのため、要件定義フェーズで「何のために、何をデジタル化するか」を検討し、各種の成果物を作成するのに、多くの手間や時間を要します。手間や時間を減らすには、同じような取り組みをした他の企業や他の部門での先行事例の成果物を参考にすることが有効です。

　そこで2-12では、参考になる先行事例の成果物を使って、要件定義の検討を効率的に進める方法を解説します。村山さんのストーリーを交えて学んでいきましょう。

　マイルス精工の平塚工場と浜松工場に導入する新しい業務の仕組みとデジタル化内容の検討を終えた村山は、ある日、マイルス精工IT部の松本部長から呼び出された。
「新しい業務の仕組みやデジタル化内容の検討が終わったようだね」
　松本部長が穏やかな表情で言った。
「はい。これからは先行部署で新しい仕組みを導入する試行展開フェーズに入ります」

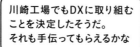
川崎工場でもDXに取り組む
ことを決定したそうだ。
それも手伝ってもらえるかな

ぜひお手伝い
させてください

　村山が笑顔で答えた。
「そうか。これからもよろしく頼むよ。それと、実はもう1つ頼みたいことがあるんだ」
　松本部長が表情を変えずに言った。
「えっ。それはなんでしょうか？」
　村山は身を乗り出して質問した。
「生産本部で、川崎工場でもDXに取り組むことを決定したそうだ。それも手伝ってもらえるかな」
　マイルス精工では、医療機関向けの医療機器を平塚工場と浜松工場で、家庭向けの医療機器を川崎工場で生産していた。製造方法が異なることから、これまで川崎工場はDXの対象範囲から外していた。
　平塚工場と浜松工場での「工場DX」の検討が盛り上がってきたことから、生産本部の高橋本部長は川崎工場でもDXの検討を開始することを決めたようだ。
「ありがとうございます。ぜひお手伝いさせてください」
　上長からマイルス精工で新しい案件を獲得するように言われていた村

山はうれしそうな表情を浮かべた。

「川崎工場のDXでは、これまでに作成した成果物を使って、できるだけ短期間で検討を進めたいんだ」

「なるほど。市場は違いますが同じ医療機器を生産する工場ですから、使えるところはありそうですね」

村山がうなずきながら答えた。

「そういう先行事例の成果物をうまく使ってDXを進める提案がほしい」

「分かりました。1週間ほど時間をください」

松本部長との打ち合わせを終えた村山は、会議室を出るとさっそく工藤に電話を入れ、相談に乗ってもらうためのアポイントメントを入れた。

類似の先行事例の成果物を活用する

DXは多くの企業にとって新しい取り組みなので、ITエンジニアなどのDX推進者が事業部門を巻き込んだ検討をリードするのは容易なことではありません。そのため、もし他の企業や別の部門で同じような取り組みをした先行事例があれば、その成果物を使って検討を進めるのが有効です。しかし、それぞれの企業や部門ごとにDXに取り組む目的や抱えている問題や課題は違うので、先行事例の成果物をそのまま活用しようと思っても簡単には流用できません。

先行事例の成果物を使ってDXでの要件定義の検討を効果的、効率的に進めるポイントは、「先行事例の成果物を活用する検討場面を理解する」「先行事例の成果物を使いやすい形式に整理する」「先行事例の成果物を使った検討方法を理解する」です。

以降でそれぞれについて説明します。

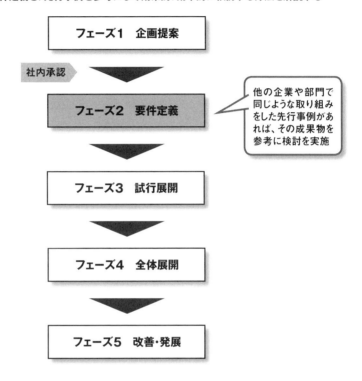

先行事例を活用した要件定義の検討方法
DXでの要件定義を、先行事例を参考にして効果的、効率的に検討する方法を解説する

フェーズ1 企画提案

社内承認

フェーズ2 要件定義 — 他の企業や部門で同じような取り組みをした先行事例があれば、その成果物を参考に検討を実施

フェーズ3 試行展開

フェーズ4 全体展開

フェーズ5 改善・発展

先行事例を活用する検討場面

　DXでの要件定義の検討を効果的、効率的に進めるには、先行事例の成果物の活用することが有効です。ただし、要件定義フェーズの前半にあたる、ステップ1「方針と実行計画の立案」、ステップ2「現行業務と問題の把握」、ステップ3「問題分析と課題の設定」では、先行事例の成果物を用いずに個別の検討を行います。それは、対象とする企業、部門ごとにDXに取り組む目的や解決すべき問題・課題が異なるためです。ここで先行事例の成果物を前面

に出して検討すると、事業部門から抵抗を受ける可能性があります。

　一方で、後半のステップ4「課題解決策の立案」、ステップ5「デジタル化要件の整理」、ステップ6「DX推進計画の立案」では、先行事例の成果物を活用して検討を進めるのが有効です。課題の実現方法となる、解決策や業務の仕組み、デジタル化要件などについては、先行事例の成果物を活用しても事業部門からの抵抗が少なく、プロジェクトのメンバーだけで考えるよりも効果的、効率的に検討できるからです。

先行事例を使いやすく整理する

　先行事例の成果物を要件定義フェーズの検討で活用する際には、先行事例での取り組み内容を、要件定義で作成する成果物のフォーマットと同一の形式で整理します。例えば、今回紹介した要件定義フェーズの成果物を作成するのであれば、下記の成果物に整理しておきます。

- ステップ4「課題解決策の立案」：改善ポイントツリー、解決策の解説書
- ステップ5「デジタル化要件の整理」：新業務機能関連図、新業務フロー図、新システム機能整理表、新システム処理記述表、非機能要件整理表
- ステップ6「DX推進計画の立案」：DX全体計画、直近フェーズの実行計画、リスク想定シート

　マイルス精工のように、参考にする事例が同一のフォーマットで作成されている場合には、記載内容を別の部門でも活用できる内容に絞り、分かりやすい表現に修正します。

　参考にしたい先行事例の成果物が別の様式のフォーマットで整理されていたり、文献などを参考にしたりする場合には、先行事例での取り組み内容を理解し、作成する成果物と同じフォーマットに整理します。ただし成果物を

先行事例を使って効率的に検討する方法
先行事例の成果物を使ってDXの検討を効果的、効率的に進める上で3つのポイントがある

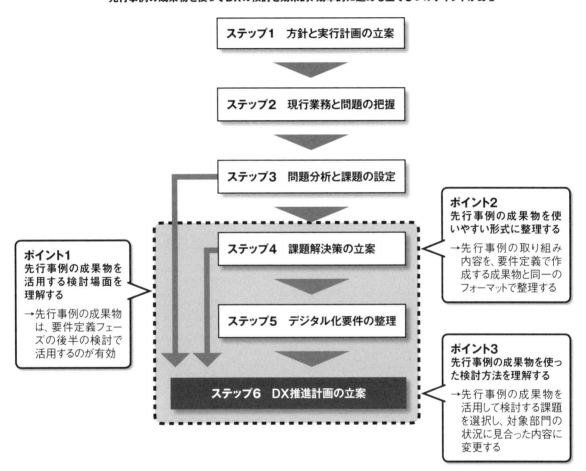

整理する際に、必要な情報が全てはそろわないことがあるので、その場合は、ITエンジニアなどのDX推進者が推察して記載するか空欄にしておきます。

　先行事例を使って検討する際には、まず、要件定義のステップ1〜ステップ3を実施し、対象部門でのDXに取り組む目的や解決すべき課題を決定しま

す。次に、解決すべき課題の中で、先行事例の成果物を活用して検討できる課題を選択します。

　そして、先行事例の成果物を事業部門に紹介し、一定の変更を加えれば対象部門でも採用できるかどうかを確認します。採用できる場合には、変更が必要な箇所と理由、変更内容の案についての意見を集めます。最後に、集めた意見を基に対象部門に見合った内容に成果物を変更します。

2-12のポイント

- 要件定義での検討の手間や時間を減らすには、同じような取り組みをした他の企業や他の部門での先行事例の成果物を参考にすることが有効。

- 先行事例の成果物は、ステップ4「課題解決策の立案」、ステップ5「デジタル化要件の整理」、ステップ6「DX推進計画の立案」で活用する。

- 先行事例の成果物を活用する際には、先行事例での取り組み内容を、要件定義で作成する成果物のフォーマットと同一の形式で整理しておく。

Chapter

3

業務変革型DXの
定着化

DIGITAL TRANSFORMATION

3-1

5種類の定着化施策で事業部門の協力を得る

一般に、事業部門はDXに対して積極的ではないことが多い。
新しい仕組みを定着化させるには、事業部門の理解・協力が必要。
3-1では新しい仕組みに事業部門から理解・協力を得る方法を解説する。

　一般に、事業部門はデジタル技術を十分に理解していないことが多く、これまでデジタル技術を使わずに業務を行ってきました。そのため事業部門はDXに積極的ではないことが多く、新しい業務やシステムを定着化させて成果を上げるには理解と協力を取り付けることが重要です。そこで3章では、DXの取り組みを現場に定着化させる方法について解説します。

　まず3-1では、要件定義フェーズで検討したデジタル技術を使った新しい業務の仕組みの実行について、事業部門から理解と協力を取り付ける方法を解説します。村山さんのストーリーを交えて学んでいきましょう。

　村山は、顧客であるマイルス精工の「工場DXプロジェクト」の試行展開フェーズで、DXに協力的な部署に新しい業務やシステムを先行導入し、実現性の検証を進めている。いろいろと想定外のことが起きたが、システムや業務運用を変更してなんとか実現性の見通しが立った。2カ月後からはいよいよ全ての部署に新しい業務やシステムを導入する全体展開フェーズに着手する。

　その報告と相談のため、社内で名の通った超上流工程のエキスパート

である先輩SEの工藤を訪ねた。

「試行展開を実施し、新しい業務やシステムの実現性が検証できそうです」

「そうか！特に問題はなかったかな」

「いろいろありましたが、なんとか乗れ切れそうです」

「よく頑張ったな！いよいよ大詰めだ」

　工藤がねぎらいの言葉をかけた。

「はい。全体展開フェーズでの事業部門への動機付けは、プロジェクトリーダーや検討メンバーに任せておけばいいのでしょうか」

「事業部門の反応はどうなの」

「新しい仕組みの導入に抵抗の強いメンバーもいると聞いています……」

　村山が不安そうな表情で答えた。

「そうか。それなら定着化施策を考えたほうがいいな」

　工藤が一瞬、間を置いて答えた。

「定着化施策ってなんですか」

「詳しく説明しよう」

定着化施策で理解・協力を得る

　DXは多くの企業にとって新しい取り組みです。そのため、事業部門からの抵抗を受け、せっかく構築した新しい業務の仕組みやシステムが活用されないことがあります。

　そのような状況が想定される場合は、新しい仕組みについて事業部門から理解、協力を得るための「定着化施策」を検討して実施します。定着化施策は通常、要件定義フェーズと試行展開フェーズで検討します。そこで検討した内容を、それぞれ試行展開フェーズと全体展開フェーズの前に実施します。

　定着化施策には(1)動機付け、(2)教育・研修、(3)業務規定化、(4)評価・表彰、(5)業務支援の5つの種類があります。各施策の内容を以下に記します。

(1)動機付け

説明会の開催、ポスターの掲示などにより、新しい業務やシステムを導入する背景や目的、期待する成果を事業部門全体に理解させる

(2)教育・研修

システム利用マニュアルの作成・配布、研修会の開催などにより、新しい業務の実施方法やシステムの利用方法を事業部門に理解させる

(3)業務規定化

業務マニュアルの改訂、目標管理(MBO)の目標項目への追加などにより、新業務の実施やシステムの利用を事業部門の担当業務として明確に規定する

(4)評価・表彰

新しい業務やシステムの実施状況や、その結果得られた成果を評価・表彰する。評価・表彰するに当たって、導入段階では主に新業務の実施状況やシス

新しい仕組みに協力・理解を得る「定着化施策」

DXに対して事業部門から理解・協力を得るため「定着化施策」を検討する

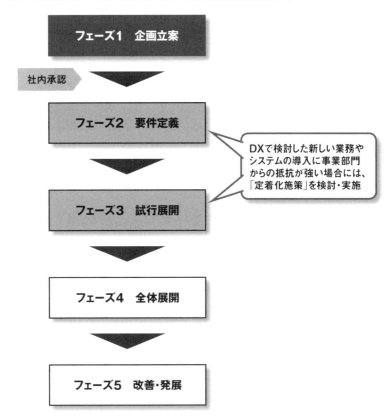

フェーズ1 企画立案

社内承認

フェーズ2 要件定義

DXで検討した新しい業務や
システムの導入に事業部門
からの抵抗が強い場合には、
「定着化施策」を検討・実施

フェーズ3 試行展開

フェーズ4 全体展開

フェーズ5 改善・発展

テムの利用状況を基準にする。一定以上普及した段階では、業務やビジネス
での成果を基準にする

(5) 業務支援

新業務やシステムに関する相談窓口の設置、現行業務の一部を代行するなど
により、新業務の実施やシステムの利用で発生する業務負荷を軽減する

5種類に分けて定着化施策を検討する

　定着化施策を検討する際には「定着化施策検討表」を使います。まず新しい業務の仕組みやシステムの中から、定着化施策を検討する範囲を選定します。次に、先の5つの種類ごとに定着化施策の候補を洗い出し、その効果と実現性を評価して実行に移す施策を決定します。そして、準備を行った上で定着化施策を実行し、新しい業務やシステムに対する事業部門からの理解や協力を促します。

　マイルス精工の例では、「説明会を開催し、DXの背景・目的や取り組みの

「定着化施策検討表」の例

**定着化施策の検討では、5つの種別ごとに施策の候補を洗い出し、
その効果と実現性を評価して実行する施策を決定する**

施策種別	施策種別	評価	備考
（1）動機付け	・説明会を開催し、DXの背景・目的や取り組み内容を高橋本部長、寺田部長から直接説明する	◎	・高橋本部長や寺田部長は工場出身で現場から信頼が厚いので効果大
	・工場内の目立つ場所にDXの取り組みについてのポスターを掲示する	△	・工場ではポスター掲示場所が限定される
（2）教育・研修	・新しい業務の実施方法やシステムの利用方法についてのマニュアルを作成・配布する	〇	－
	・10人程度の単位で新しい業務、システムに関する研修を実施する	◎	－
（3）業務規定化	・対象業務の規定書を改訂し、PL、検討メンバーから現場メンバーに説明する	◎	・現場の中心メンバーであるPL、検討メンバーからの説明は効果大
（4）評価・表彰	・新しい業務やシステムの定着化状況の高い部門、個人を表彰する	〇	・工場文化の中では部門表彰は効果大
	・新しい業務の実施やシステムの利用により効果を上げた部門、個人を表彰する	〇	
（5）業務支援	・業務の実施方法やシステムの利用方法に関する相談窓口を設置する	◎	－

概要を高橋本部長、寺田部長から直接説明する」「新しい業務の実施方法やシステムの利用方法についてマニュアルを作成・配布する」などの定着化施策の検討・実行により、事業部門からの抵抗を抑えることに成功し、新しい業務やシステムを定着化させています。

3-1のポイント

- DXは多くの企業にとって新しい取り組みのため、仕組みの実行や定着化の際に事業部門から強い抵抗を受けることがある。
- 新しい仕組みの導入時に事業部門からの抵抗が想定される場合には、理解、協力を得るための「定着化施策」を検討して実施する。
- 定着化施策には、(1)動機付け、(2)教育・研修、(3)業務規定化、(4)評価・表彰、(5)業務支援の5つの種類がある。

3-2

DXによる新しい仕組み
継続的に改善し定着

DXで構築する仕組みは、最初から想定通りに実行、活用されないもの。
定着化を図るには、新しい仕組みの実行状況の評価と継続的な改善が重要だ。
3-2では構築した新しい仕組みを継続的に改善する方法を解説する。

　DXで構築するシステムでは、これまでシステムで管理してこなかったアナログ情報をデータ化して蓄積し、そのデータを使って業務で有効な情報を生成・提供します。そのシステムには、近年、目覚ましい進化を続けているデジタル技術の活用が必要な上に、情報の収集や活用のために業務のやり方を見直す必要があります。そのためDXで構築する新しいシステムや業務の仕組みは、最初から想定通りに実行、活用されないことが少なくありません。

　そこで、実行状況を定期的に把握・評価して、継続的なシステムや業務の見直しを行うことで定着化を図ることが重要です。

　3-2では、新しく構築したシステムや業務の仕組みの実行状況を評価して、継続的に改善する方法を解説します。村山さんのストーリーを交えて学んでいきましょう。

　　村山が担当するマイルス精工の「工場DXプロジェクト」は、いよいよ全ての部署に新しい業務やシステムを導入する全体展開フェーズに入った。村山は、以前に先輩SEの工藤から、「新しいシステムや業務の仕組みを定着化させるには、継続的な改善が必要」と教えを受けていた。た

だ、その具体的なやり方を理解していなかった。そこで、新しい仕組み
を継続的に改善する具体的な方法について教えてを受けるため、超上流
工程のエキスパートである工藤を訪ねた。

「工藤さん、いよいよ全体展開フェーズを開始しました」

「そうか、DXでは新しい仕組みを導入したら、継続的に見直すことが重
要だよ」

　工藤は新しい仕組みを定着化させるためのポイントを話した。

「はい。その具体的な方法を教えていただきたいのですが」

　村山は率直に質問した。

「新しい仕組みが想定通りに実行されない原因を、システムと業務の両
面で考えて対策を打つんだ」

　工藤が仕組みを改善する方法の概略を説明した。

「もう少し詳しく教えてください」

「OK。説明しよう」

新しい仕組みを継続的に改善する

　従来のシステム化では、システムの目的や用途、操作方法を事業部門に説
明、教育することで構築したシステムの定着化を図ります。定着化を進める
中で、構築段階で発見できなかったシステムの不具合が見つかったら、それ
を改修します。

　一方、DXで構築するシステムは、従来のシステム化のように説明や教育
だけで定着化を進めることは困難です。なぜなら前述の通り、DXで構築す
るシステムやそれを使った業務の仕組みは、最初から想定通りに実行、活用
されることが少ないからです。

　DXで構築するシステムでは、これまでシステムで管理してこなかった、
人の行動・動作、設備や機器の状況・状態などのアナログ情報をデータ化し

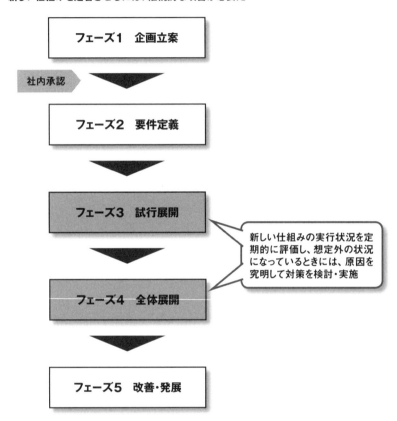

新しい仕組みを継続的に改善する

DXで構築する仕組みは最初から想定通りに実行、活用されることが少ない。
新しい仕組みを定着させるには、継続的な改善が必要だ

フェーズ1　企画立案

社内承認

フェーズ2　要件定義

フェーズ3　試行展開

新しい仕組みの実行状況を定
期的に評価し、想定外の状況
になっているときには、原因を
究明して対策を検討・実施

フェーズ4　全体展開

フェーズ5　改善・発展

て蓄積し、そのデータを使って業務で有効な情報を生成・提供します。

　そのシステムには、近年、目覚ましい進化を続けているデジタル技術を活
用する必要があります。デジタル技術は、業務上での用途が拡大する一方で、
性能や信頼性、安全性などに不安が残ることがあります。

　また、新しいシステムで必要なアナログ情報を集めたり、システムで生成
した情報を業務で有効に活用したりするには、業務のやり方を見直す必要が

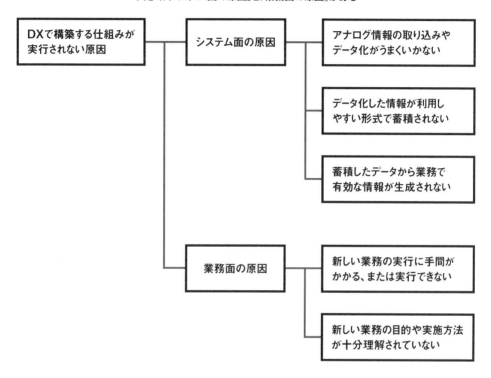

DXで構築する仕組みが実行されない原因

**DXで構築する仕組みが実行されない原因には、
大きく「システム面の原因」と「業務面の原因」がある**

DXで構築する仕組みが実行されない原因	システム面の原因	アナログ情報の取り込みやデータ化がうまくいかない
		データ化した情報が利用しやすい形式で蓄積されない
		蓄積したデータから業務で有効な情報が生成されない
	業務面の原因	新しい業務の実行に手間がかかる、または実行できない
		新しい業務の目的や実施方法が十分理解されていない

あります。

　そのためDXでは、一般に、新しいシステムや業務の仕組み（以下、仕組み）を導入した段階で「アナログ情報がデータ化されない」「新しい業務のやり方が実行されない」などの想定外の状況が発生します。そこでDXでは、説明や教育だけでなく、継続的に仕組みを改善することで定着化を図ります。

　具体的には、新しい仕組みの実行状況を定期的に評価し、想定外の状況になっているときには、その原因を究明して対策を検討・実施します。

システム面と業務面で原因を分析する

　新しい仕組みが想定通りに実行されないのには、大きく「システム面の原因」と「業務面の原因」があります。

　システム面の原因は、構築したシステムが期待通りの役割を果たせていないというものです。具体的には、「アナログ情報の取り込みやデータ化がうまくいかない」「データ化したアナログ情報が利用しやすい形式で蓄積されない」「蓄積したデータから業務で有効な情報が生成されない」といった原因です。

　一方で、業務面の原因は、あらかじめ決めた業務のやり方の変更内容が実行されていないという原因です。具体的には、「業務の変更内容の実行に手間がかかる、または実行できない」「業務の変更内容の目的や実施方法が現場部門に十分理解されていない」といった原因です。

　システム面、業務面それぞれの原因が明らかになったら、それに見合った対策を検討・実施して、継続的に仕組みを改善します。

3-2のポイント

- DXで構築する新しいシステムや業務の仕組みは、最初から想定通りに実行、活用されないことが多いため、定着化させるには継続的な改善が必要。
- システムや業務を改善するには、新しい仕組みの実行状況を定期的に評価し、想定外の状況になっている原因を究明して対策を検討・実施する。
- 新しい仕組みが想定通りに実行されない原因には、「システム面の原因」と「業務面の原因」がある。

C O L U M N 3
DXを「新しい取り組み」と思い過ぎてはいけない

「DXをどう進めるのか分からない」「特別な知識やスキルが必要なのか」。DXに取り組みたいと考える企業から相談を受けた際、こんな声をよく耳にします。DXを「新しい取り組み」と不安に感じ過ぎている嫌いがあります。

　確かにDXは、「センサー、無線通信、AIなどのデジタル技術を活用する」「製造、物流、営業といった現場の直接業務を変革する」という点で、新しい取り組みと言えます。ただ「経営や業務の課題を解決する新しい業務の仕組みやシステム基盤を構築する」という点では、従来のシステム化と同じです。目的を明確にして、解決すべき課題や解決策、新しい業務の仕組みやシステム化内容を具体化するという基本的なアプローチは変わりません。

DXに取り組む際の4つの準備
DXが新しい取り組みであるため、慎重になりすぎて、かえって進まなくなることがある。過度に不安を持たず、4つの準備をしておくことが重要である

❶ **DXならではの推進の考え方や進め方を理解しておく**

❷ **対象とする現場の直接業務について基本知識を理解しておく**

❸ **代表的なデジタル技術の業務での用途や制約を理解しておく**

❹ **同業種の別企業や社内別組織の過去の取り組みを理解しておく**

　多くの企業はDXという言葉が広がる前から、現場を中心にデジタル技術による業務改善に取り組んできました。その成果物や推進ノウハウはDXプロジェクトで活用できます。準備しておけば不安を感じる必要はありません。

　準備しておくべきことは大きく4つあります。1つめは、本書で解説している、DXならではの推進の考え方や進め方を理解しておくこと。2つめは、DXの対象とする現場の直接業務（製造、物流、営業など）について事業部門の意見が理解できるレベルの基本知識を理解しておくこと。3つめは、代表的なデジタル技術それぞれの業務での用途や制約（機能、性能、信頼性など）を理解しておくこと。最後の4つめは、同じ業種の別企業や、同じ企業内の別の組織で実践した過去の取り組みを理解しておくことです。

　筆者らが所属する組織では、企業のDXプロジェクトを支援するメンバーが増えていますが、多くは従来のシステム化を支援してきたメンバーたちです。彼ら・彼女らは上述の4つの準備をすることで、しっかりとDXを支援しています。DXを推進する際は過度に不安にかられることなく「従来のシステム化の延長線にある取り組み」と考えて進めることをお勧めします。

Chapter
4

業務変革型DXの
推進体制

DIGITAL TRANSFORMATION

4-1

DXを全社に展開
責任持つ組織を設置

DXは企業全体で取り組むことで大きな効果を生む。
DXの全社展開では推進を支援する組織が必要になる。
4-1では3つの考え方でDXの推進組織を整備する方法を解説する。

　業務変革型DX（以下、DX）では、センサー、無線通信、AI、ロボットなど
の新しい技術（＝デジタル技術）を活用します。また、デジタル技術を活用
して変革する業務は、従来のシステムがあまりサポートしてこなかった営業
や製造、物流、保守サービスなど現場の直接業務が中心になります。

　そのためDXの取り組みでは、企業内のどの組織が企画・構想をまとめる
のか、新しいシステムを構築・維持・改善するのかが曖昧になることがあり
ます。そのような状況では、DXを全社的に推進することはできません。そ
こでDXを企業全体で取り組む際には、企画や構想の立案、システムの構築
や維持・改善に責任を持つ組織を明確にして進めることが重要です。

　DXを推進する組織が決まっていたとしても、その部署にDX推進に必要な
役割を果たせるメンバーがいなければ、DXを効果的、効率的に進めること
はできません。そのため、DX推進に必要な役割と、その役割に必要な知識
やスキルを理解して、推進組織に配置することが重要です。そして実際のプ
ロジェクトでは、業務の生産性は付加価値を向上するために、事業部門の主
体的な参画が不可欠です。

　そこで第4章では、全社的にDXを推進する際の組織や体制について解説し

DXの推進組織を
作ることになったんだ。
その組織の素案を作る検討を
手伝ってもらえないだろうか

分かりました。
ぜひお手伝いさせてください

ます。まず4-1では、全社的に責任を持ってDXを推進する組織はどうあるべきかという考え方や、その組織が備えるべき役割について解説します。村山さんのストーリーを交えて学んでいきましょう。

　　日経ITソリューションズの村山が担当するマイルス精工の川崎工場を対象としたDXプロジェクトは、平塚工場と浜松工場でのDXプロジェクトの成果物やシステムを活用することで比較的順調に進んでいた。現在、全体計画フェーズの終盤に差し掛かっている。そんなとき村山は、IT部の松本部長から呼び出しを受けた。
「川崎工場のDXも順調に進んでいるようだね」
　　松本部長がねぎらいの言葉をかけた。
「はい、松本部長のアドバイスのおかげです」
　　村山は笑顔でお礼を述べた。
「工場のDXがうまく進んだことで、社長がとても喜んでいるよ」
　　松本部長が本題を切り出した。
「社長はDXを物流や保守サービス、営業にも展開したい考えなんだ」
　　村山は話を聞きながら、松本部長の用件が、別の部署で始めるDXを手伝ってほしいというものだと想像した。しかし、次に松本部長から出

た言葉は意外なものだった。

「全社展開の前に、DXの推進組織を作ることになったんだ。その組織の素案を作る検討を手伝ってもらえないだろうか」

　村山の担当する工場DXプロジェクトでは、松本部長がIT部の中からデジタル技術に詳しいメンバーを選抜して推進した。しかしIT部では、これまで主に基幹システムの構築と運用を中心に行ってきたため、デジタル技術に詳しいメンバーは少数だった。マイルス精工で全社的にDXを展開するには、DXを推進する組織が必要だということは理解できた。

「分かりました。ぜひお手伝いさせてください」

　村山は、これまで新しい組織の設計や立ち上げに関わったことはなかった。しかし松本部長からの依頼は興味深いものだったため、思わず即答してしまった。

　松本部長との打ち合わせから1カ月がたち、DX推進組織の検討が開始された。マイルス精工側で一緒に検討するメンバーは松本部長の他には1人だけだった。

DXを推進する組織を明確にする

　デジタル技術を使って業務の生産性や付加価値を向上するDXは、企業にとって新しい取り組みです。製造、物流、営業、調達、保守サービスといった様々な業務で効果が期待できます。そのためDXは、企業全体で取り組むことが大きな経営効果につながります。

　しかし事業部門は必ずしもDXに積極的ではなく、DXの進め方やデジタル技術に関する知識もありません。そのため、事業部門に任せていても全社的なDXは進みません。

　DXを全社的に推進するには、事業部門にDXに取り組む意識を持たせ、DXの企画・構想のまとめや新しいシステムの構築・維持・改善に責任を持つ

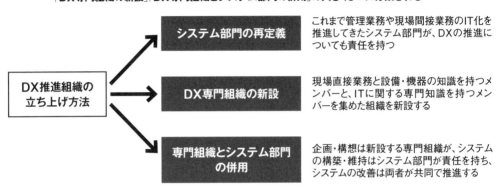

DX推進組織の考え方

DXに取り組む際には、DXの推進組織を明確にすることが重要。その考え方は「システム部門の再定義」「DX専門組織の新設」「DX専門組織とシステム部門の併用」の大きく3つに分類される

推進組織が必要になります。DXの推進はどの組織が担当すべきでしょうか。

DXでは主に、営業、製造、物流などの現場直接業務を対象として現状の仕組みを改善します。これまで、現場直接業務の品質や生産性を向上するための設備や機器の導入は、現場部門の中の企画を担当する部署が検討、推進してきました。ただし、その部署はITに関する専門的な知識は持ち合わせていません。

一方で、システム部門はこれまで主に会計、人事などの管理業務や販売管理、生産管理などの現場間接業務のシステム化を中心に支援してきました。そのためITの専門知識や管理業務、間接業務の知識は保有しているものの、現場の直接業務や設備・機器についての知識は持ち合わせていません。

このような状況の中で、多くの企業はDXを推進する組織が曖昧になっており、全社展開に取り組む際には組織を明確にして推進することが重要です。

DX推進組織の立ち上げ形態

DXの推進組織を立ち上げた企業を調査すると、考え方は大きく「システム

部門の再定義」「DX専門組織の新設」「専門組織とシステム部門の併用」に分類されます。

　「システム部門の再定義」は、これまで管理業務や現場間接業務のIT化を推進してきたシステム部門が、DXの推進についても責任を持つという考え方です。その際には、システム部門のメンバーがデジタル技術に加えて、現場直接業務や設備・機器の知識を習得するか、その知識を保有するメンバーを他の部署から異動させる必要があります。

　「DX専門組織の新設」は、現場直接業務と設備・機器の知識を持つメンバーと、ITに関する専門知識を持つメンバーを集めた組織を新しく設立して、DXの推進に責任を持つという考え方です。このやり方を取る場合には、DXを通じて構築するシステムと既存システムとの整合を確保するために、システム構築段階でシステム部門との調整が必要になります。

　「専門組織とシステム部門の併用」は次のように責任を持たせる考え方です。「何のために何をデジタル化するか」を決める企画・構想のまとめについては新設する専門組織が、システムの構築・維持についてはシステム部門が、システムの改善については両者が役割分担して共同で責任を持つ。このやり方は専門組織とシステム部門それぞれの役割を明確にすることが重要です。

　これら3つの形態のどれを選択するかは、システム部門の抱えるタスクや保有する知識、スキル、人員の規模を考慮して経営層が判断する必要があります。

DX推進組織の3つの役割

　DXの推進に責任を持つ組織に必要な役割は大きく3つあります。1つは企業内の様々な現場部門でのDX推進を支援することです。もう1つはDX推進を効果的・効率的に行えるよう、デジタル技術や社内外のDX先行事例を調査し、自社の取り組みで使えるように整理することです。

DX推進組織が果たすべき役割
DXを全社的に推進するには、DX推進組織の支援が欠かせない

> 1. 企業内の様々な現場部門でのDX推進を支援する
> 2. デジタル技術や社内外のDX先行事例を調査・整理する
> 3. 現場部門がDX推進に取り組む環境を整備する

　そして、現場部門がDX推進に取り組む環境を整備します。具体的には、現場部門がDXに取り組む意識を醸成する、DXの説明会を開催する、DXに取り組んだ際の評価・表彰制度を用意する——といったことを行います。

　マイルス精工は「システム部門の再定義」の考え方を使って、DX推進組織の案を作成しました。具体的には「経営管理IT推進部（従来のIT部）」と「業務変革DX推進部」で構成される「DX推進本部」を新たに発足させるというものです。

4-1のポイント

- DXを全社的に推進するには、事業部門にDXに取り組む意識を持たせ、DXの企画・構想や新システムの構築・維持・改善に責任を持つDX推進組織が必要。
- DX推進組織を立ち上げる考え方は、「システム部門の再定義」「DX専門組織の新設」「専門組織とシステム部門の併用」の3つに分類される。
- DX推進組織の主な役割は、「現場部門でのDX推進の支援」「デジタル技術やDX先行事例の調査」「現場部門がDX推進に取り組む環境の整備」。

4-2

全社展開の推進組織
5つある重要な役割

DXの推進組織には5つの重要な役割を持たせる。
5つの役割には、それぞれ専門的な知識、スキルが必要になる。
4-2ではDX推進組織に配置する5つの役割について解説する。

　第4章では、DXを全社的に推進する際の体制について解説しています。4-2では、DX推進組織の役割を果たすために配置すべき人材と、その人材に求められる知識やスキルについて解説します。村山さんのストーリーを交えて学んでいきましょう。

　日経ITソリューションズの村山は、マイルス精工IT部の松本部長と一緒に、全社的にDXの推進を担当する組織の案を作成した。それは「業務変革DX推進部」という組織を新設し、「DX推進本部（新設）」の中に位置付けるというものだ。DX推進本部には、従来のIT部の役割を担う「経営管理IT推進部（名称変更）」も置く。

　検討したDX推進組織の案は、社長をはじめとするマイルス精工の経営陣から承認された。その際、経営陣からは、新しい本部の業務変革DX推進部に配置するメンバーの条件と規模を検討するように指示を受けた。

　村山は、その検討のアドバイスを受けるため、先輩SEの工藤を訪ねた。「DXを推進する組織に所属する人材には、どういう役割が求められるの

DXを推進する組織に所属する人材には、どういう役割が求められるのでしょうか

そうだな…。大きく5つの役割が必要になるよ

でしょうか」

　村山は挨拶もそこそこに本題を切り出した。

「そうだな…。大きく5つの役割が必要になるよ」

　工藤が温和な表情で答えた。

「その役割を教えてください」

「プロデューサー、ディレクター、コーディネーター、デザイナー、コントラクターの5つだよ」

　聞きなれない言葉が並べられ、村山は不思議そうな表情を浮かべた。

「それぞれの役割と求められる能力を詳しく説明しよう」

　工藤が笑みを浮かべながら言った。

推進組織に必要な5つの役割

　DXの企画・構想や新しい仕組みの構築の全てを、1人のメンバーで担当することはできません。DXを全社的に展開するには、DX推進組織に所属する人材が、役割を分担して相互に連携を取りながら進めることが重要です。

　具体的には、DX推進組織に配置する人材は、大きく（1）DXプロデューサー、（2）DXディレクター、（3）DXコーディネーター、（4）DXデザイナー、

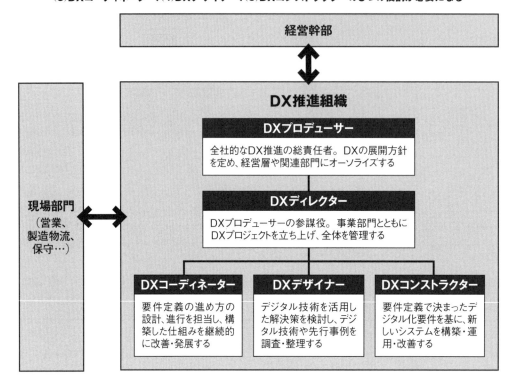

DX推進組織に必要な人材

DXを推進する組織には、大きく（1）DXプロデューサー、（2）DXディレクター、（3）DXコーディネーター、（4）DXデザイナー、（5）DXコンストラクターの5つの役割が必要になる

経営幹部

DX推進組織

DXプロデューサー

全社的なDX推進の総責任者。DXの展開方針を定め、経営層や関連部門にオーソライズする

DXディレクター

DXプロデューサーの参謀役。事業部門とともにDXプロジェクトを立ち上げ、全体を管理する

DXコーディネーター	**DXデザイナー**	**DXコンストラクター**
要件定義の進め方の設計、進行を担当し、構築した仕組みを継続的に改善・発展する	デジタル技術を活用した解決策を検討し、デジタル技術や先行事例を調査・整理する	要件定義で決まったデジタル化要件を基に、新しいシステムを構築・運用・改善する

現場部門
（営業、製造物流、保守…）

（5）DXコンストラクターの5つに分かれます。次にそれぞれの役割と求められる知識、スキルを説明します。

（1）DXプロデューサー

　全社的なDX推進の総責任者です。DXを展開する方針を定め、経営層や関連部門の上位管理者にオーソライズします。DX推進に意欲がある経営幹部が適任です。

（2）DXディレクター

　DXプロデューサーの参謀として、事業部門にDXプロジェクト立ち上げの働きかけをして、プロジェクトの全体計画の作成と進捗や品質の管理を行います。進捗や品質に計画とのズレが発生した場合には、関連部門との調整をします。調整力の高い上位管理者を選定します。

（3）DXコーディネーター

　「何のために何をデジタル化するか」を決める要件定義フェーズの進め方の検討や、会議体の進行を担当します。また、新しく構築した仕組みのデータ蓄積状況や活用状況を把握して、DXデザイナーと一緒に継続的な仕組みの改善や発展を企画します。要件定義の進め方の知識を持ち、事業部門とのコミュニケーション力の高いエンジニアを選びます。現場業務に興味を持ち、自ら事業部門のメンバーに歩み寄って行く「アナログな人間力」を持つ人材が最適です。

（4）DXデザイナー

　解決すべき課題について、デジタル技術を活用した解決策を検討します。また、デジタル技術や社内外のDX先行事例を調査して、自社の取り組みで使えるように整理します。DXデザイナーには、センサーや無線通信、AI（人工知能）、ロボティクスなどのデジタル技術と業務での活用方法に理解のあるエンジニアを選びます。

（5）DXコンストラクター

　要件定義で決まったデジタル化要件を基に、新しいシステムを構築・運用し、定着化状況に応じてシステムを改善します。デジタル技術を使ったシステム構築の進め方に理解のあるエンジニアを選びます。

DX人材の選定方法

　ほとんどの企業では、5つの役割を果たせる人材が同じ組織に所属していることはありません。そのため、それぞれの役割に求められる知識やスキルを基に、複数の部署から候補者を選定します。そして、そのメンバーが現在担当している業務の重要性や別のメンバーへの引き継ぎの可能性を考慮してメンバーを決定します。

　マイルス精工の例では、工藤さんからアドバイスを受けた村山さんが松本部長と一緒に、業務変革DX推進部の人材要件をまとめて経営陣に提案しました。経営陣はその提案を受け入れ、結果としてIT部と設備や機器の導入を担当する部署から人材要件に合うメンバー15人が選抜され、業務変革DX推進部に所属することになりました。

4-2のポイント

- DX推進組織には、(1)DXプロデューサー、(2)DXディレクター、(3)DXコーディネーター、(4)DXデザイナー、(5)DXコンストラクターを配置する。
- 経営層や事業部門と調整してDXプロジェクトを立ち上げるのがDXプロデューサーやDXディレクター。DX推進に意欲のある経営幹部や上位管理者を選ぶ。
- DX化内容の検討をリードするのがDXコーディネーター。現場業務に興味を持ち、事業部門に歩み寄って行く「アナログ人間」を選ぶ。
- デジタル技術を活用した解決策の検討、DX先行事例を調査するのがDXデザイナー。デジタル技術に詳しいエンジニアを選ぶ。
- 新しいシステムを構築・運用・改善するのがDXコントラクター。デジタル技術を使ったシステム構築に理解のあるエンジニアを選ぶ。

C O L U M N 4
デジタル人間だけでDXを進めてはいけない

　DXは、近年進化を続けるデジタル技術を使って業務のやり方を変革する取り組みです。そのためDXの推進体制には、デジタル技術に知見のある論理的に思考できる人材を参加させる必要があります。

　ただし、DXをデジタル技術に詳しい「デジタル人間」だけで進めることはできません。DXを成功させるには、「デジタル技術を活用する業務上の用途を発見する」「抵抗の強い現場メンバーから協力を得る」といったタスクが必要で、それらのタスクではデジタル技術の知見や論理的思考力とは別のスキルが必要だからです。

　上記のタスクでは、DXの対象業務やそれを実施する人の行動、業務で必要な設備や機器の動作に強い興味を持ち、デジタル化することで意味のあるア

DXの推進に必要な「アナログ人間」

DXを推進する体制には、デジタル技術に知見がある「デジタル人間」だけでなく、現場に強い興味を持ちコミュニケーション力の高い「アナログ人間」が必要

DX (Digital Transformation)
デジタル技術を使って業務のやり方を変革し、
生産性や付加価値を高める

デジタル人間
・デジタル技術に関する知見
・論理的、客観的に思考する能力

アナログ人間
・現場の業務・人・設備への強い興味
・立場、価値感を理解したコミュニケーション力

ナログ情報を見つけ出す力が必要です。

　現場とのコミュニケーション能力も必要になります。DXに抵抗を示す現場メンバーが「何を大切にし、何を大切にしていないのか」といった価値観を理解して発言や行動をする能力です。

　筆者は、このような現場業務やそれを実施する人・設備・機器などに強い興味を持ち、相手の立場や価値観を理解してコミュニケーションをうまく取れる人材を「アナログ人間」と呼んでいます。

　筆者が所属する部署でも近年、ユーザー企業のDXプロジェクトを支援する機会が増えています。そのプロジェクト支援でユーザー企業からウケがいいのは、デジタル技術を勉強したアナログ人間です。

　逆説的に思えるかもしれませんが、デジタル化を成功させるのはアナログ人間です。DXの推進体制には、デジタル人間だけでなくアナログ人間も参加させることが重要です。そのためには、デジタル人間と同時にアナログ人間も育成するか、社外から調達する必要があります。

4-3

業務生産性と付加価値
事業部門主体で高める

DXの狙いは業務の生産性向上や新たな付加価値の創出。
個別のプロジェクトは事業部門メンバー主体で進める。
4-3ではDXプロジェクトでの事業部門側の体制を解説する。

　　DXの全社的な推進に責任を持つのは、4-1、4-2で解説したDX推進の専門
組織です。ただし実際に各事業部門で取り組むDXプロジェクトの取り組み
内容や成果に責任を持つのは事業部門です。なぜならDXは、事業部門が担
当する業務の生産性や付加価値を向上する取り組みだからです。

　　4-3では、DXプロジェクトに取り組む際の事業部門側の体制について解説
します。村山さんのストーリーを交えて学んでいきましょう。

　　日経ITソリューションズの村山が支援してきたマイルス精工の「工場
DXプロジェクト」もいよいよ終盤だ。先週は、マイルス精工IT部の松本
部長と全社的なDX推進組織「業務変革DX推進部」に配置すべき人材の要
件を検討して経営陣に提案し、おおむね好意的に受け取られた。村山は
その報告のため、先輩SEの工藤のもとを訪ねた。
「DX推進組織に配置する人材の要件を経営陣に提案しました」
　　挨拶をすませると、村山は端的に報告を入れた。
「そうか。良い人材を配置してくれるといいね」
　　工藤が温和な表情で答えた。

DX推進組織の役割で
何が一番重要だと思いますか

どれも大事だけど、
事業部門にDXに取り組む意識を
持たせることが一番大切だと思うよ

「はい。工藤さんは、DX推進組織の役割で何が一番重要だと思いますか」

　村山は何気なく質問した。

「そうだなぁ…。どれも大事だけど、事業部門にDXに取り組む意識を持たせることが一番大切だと思うよ」

　工藤が少し考えてから答えた。

「それは、事業部門がDXに積極的でないからでしょうか」

　村山が確認する質問をした。

「そうだね。DXは業務の生産性や付加価値を高める取り組みだ。本来は事業部門が主体になって進めるべきだよね。ただ、そういう意識の事業部門は少ない。DX推進組織は、事業部門にその意識を持たせることが重要だし、それはとても難しいことだ」

　工藤が真剣な表情で言った。村山はしっかりとうなずいた。

DXでは事業部門の参画が不可欠

　ITは業務の品質、生産性、スピードを改善するための実現手段です。そのため、システムを構築する際には、事業部門の代表メンバーも参加した体制で「何のために、何をシステム化するのか」を検討する必要があります。

　特にDXでは、事業部門はデジタル技術を十分に理解しておらず、これまでデジタル技術を使わずに業務を行ってきたため、DXに積極的ではありません。そのためDXを成功させるには、DX化する内容の検討に事業部門の代表メンバーを巻き込み、合意を取っておくことが極めて重要です。そうしないと、仕組みの構築段階で繰り返しの説明が必要になり、デジタル化内容の追加や修正が頻発することになります。

　むしろ、業務の生産性や付加価値を高めることが目的のDXは「事業部門側が主体となって取り組み、DX推進組織から支援を受ける」と考えた方がスムーズに進行できます。

事業部門メンバーの4つの役割

　事業部門が個別に取り組むDXプロジェクトでの事業部門側のメンバーの役割は大きく（1）プロジェクトマネジャー、（2）プロジェクトリーダー、（3）検討メンバー、（4）レビュアーの4つに分けられます。

（1）プロジェクトマネジャー（PM）

　DXプロジェクトの推進方針を明確にし、プロジェクトの社内オーソライズや立ち上げ、検討内容の評価・承認を行います。DXの対象業務（生産、物流、営業…）を管掌する経営幹部や上位管理者を選定します。PMは「プロジェクトオーナー」と呼ばれることもあります。

（2）プロジェクトリーダー

　プロジェクトでの検討をリードし、プロジェクトでの検討内容と進捗状況を管理してPMへの報告や相談を行います。DXの対象業務を担当する部門の中で、PMや事業部門のメンバーから信任が厚く、DXの取り組みに理解のある管理職を選定します。

事業部門からのメンバー選出の注意点

事業部門からメンバーを選ぶ際には、従来のシステム化でのメンバー選出条件に加え、DXならではの注意点を考慮する

事業部門のメンバーを選ぶ3つの条件

- システム化の対象とする
事業や業務の内容に詳しい

- 事業部門内での
影響力、発言力が強い

- 新しい仕組みの準備や
実行で重要な役割を担う

＋

DXでのメンバー選びの注意点

- デジタル技術を活用して
業務を変革することに
一定の理解と期待を持っている

（3）検討メンバー

　「何のために、何をデジタル化するか」を決める要件定義での主体的な検討、仕組みを構築する段階でのレビュー、取り組み内容の現場への浸透などを行います。検討メンバーには、対象業務を担当する事業部門の代表メンバーを選びます。従来のシステム化で検討メンバーを選ぶ条件は「システム化の対象とする事業や業務の内容に詳しい」「事業部門内での影響力、発言力が強い」「新しい仕組みの準備や実行で重要な役割を担う」の3つです。

　DXでも事業部門の中から検討メンバーを選ぶ条件は同じです。ただし、検討メンバーを選ぶ際に注意すべき点が1つあります。それは「デジタル技術を活用して業務を変革することに対して、一定の理解と期待のあるメンバー」を選ぶことです。

　先にも説明した通り、DXでは事業部門のメンバーが消極的なことが多い上、現場の直接業務を対象として変革を進めます。そのため事業部門の中に

は、「自分たちの仕事をデジタル化できるわけがない」という誤解や、「ITエンジニアに現場の仕事を理解できるわけがない」という疑念を持つ、抵抗感の強いメンバーがいることがあります。そういうメンバーを選ぶと、スムーズな検討は行えません。

筆者も、ある顧客企業のプロジェクトで、DXに抵抗感の強いメンバーを選んでしまい検討が進まなくなった経験があります。そのメンバーは前向きな意見を一切出さず、他のメンバーが意見を出しても否定的な意見で打ち消してしまうのです。上長であるプロジェクトリーダーがプロジェクトの趣旨を繰り返し説明し、協力的な姿勢で取り組むよう何度も促しましたが、要件定義でDXの内容をまとめる納期が大幅に遅れてしまいました。

以上のように、事業部門から検討メンバーを選ぶ際には、DXやデジタル技術に詳しい必要はありませんが、一定の理解と期待を持ったメンバーを選ぶことが重要です。

（4）レビュアー

事業部門の中に、要件定義フェーズの検討などで有効なアドバイスができるメンバーがいれば「レビュアー」として参加してもらうことがあります。レビュアーは、DX推進に協力が必要な部門や、DXに先行して取り組んだ部門などから選びます。ただし、レビュアーは必ず必要な役割ではありません。

4-3のポイント

- 事業部門で取り組むDXプロジェクトの取り組み内容や成果に責任を持つのは事業部門。DX推進組織は専門的なノウハウを持って支援する。
- DXプロジェクトで事業部門側から選出するのは、(1)プロジェクトマネジャー、(2)プロジェクトリーダー、(3)検討メンバー、(4)レビュアー。
- 検討メンバーには、「現場の中心メンバー」というだけでなく、「デジタル技術を活用した業務変革に一定の理解と期待のあるメンバー」を選ぶ。

Chapter
5

業務変革型DXの
成功事例

5-1

京セラドキュメント
保守サービスのDX事例

全社的にDXを進める京セラドキュメントソリューションズ。
複合機などの保守サービスでは顧客満足度の向上と業務の効率化を実現。
2年にわたったこのDXの軌跡を紹介する。

　京セラドキュメントソリューションズは世界各国の企業や官庁・自治体向けに、プリンターや複合機の開発・製造・販売、それらの製品を活用したドキュメントソリューションの提供を行っています。2021年3月期の売上高は3162億円、従業員数は2万1657人（2021年3月）です。さらなる成長に向けて、近年はグローバル市場の拡大、商業用インクジェット事業へ参入などの取り組みを積極的に進めています。

　京セラドキュメントソリューションズは「お客様に寄り添い、最適なソリューションを提供するトータルドキュメントソリューションアドバイザー」を目指し、顧客満足度（CS）の向上と業務の効率化を目的として、デジタル技術を活用した業務変革＝DXに継続的に取り組んでいます。

　これまで製造、営業、物流など様々な業務を対象にDXを進めていますが、本書では2017年から2019年までの約2年間で取り組んだ、保守サービスを対象としたDXの事例を紹介します。

京セラDSJの保守業務の流れ

**顧客から障害連絡があると、京セラDSJのカスタマーエンジニア（CE）が部品を携行して
保守対応に当たる。CEは定期訪問、予兆保全、提案も担当する**

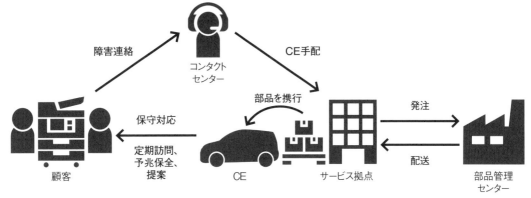

京セラドキュメントソリューションズの資料を基に著者作成

保守サービスDXに取り組んだ背景

　京セラドキュメントソリューションズの事業において、国内市場での製品の販売や、販売した製品の保守サービスはグループ会社の京セラドキュメントソリューションズジャパン（以下、京セラDSJ）が担当しています。

　京セラDSJの中で、顧客に導入したプリンターや複合機の保守サービスを担当しているのが、サービス事業本部に所属し、全国約50カ所のサービス拠点で活動するカスタマーエンジニア（CE）です（2017〜2019年当時。現在は地域営業部門に所属）。CEは保守サービスの他に、障害を未然に防止する予兆保全サービスの提案や、プリンター・複合機をより便利に活用するためのソリューションの提案も行います。

　DXに取り組むことになった2017年当時、顧客から利用中の製品で障害が発生したとの連絡を受け、CEが急いで顧客のもとに駆けつけても、一度の訪問で保守対応が完了しないケースが発生していました。

　そうなると、再度訪問して保守作業を行う必要が生じ、復旧するまでの間、顧客は製品を使うことができません。その結果、顧客満足度が低下し、場合によっては他社製品にリプレースされてしまうこともありました。

　再訪による保守作業は、CEが顧客の課題解決に向けた提案に時間が取れなくなるという問題にもつながっていました。実際にCEの現場からは「お客様の期待に応えるための時間が取れず、関係を強化しにくい」との声が上がっていました。

　そのような状況の中、当時の京セラDSJの経営トップが発起人となり、障害が発生した際に1度の訪問で保守対応を完了できるようにすることを目的とした「保守サービス改革TF（タスクフォース）」を立ち上げました。このTFには、京セラDSJの本社スタッフと、京セラドキュメントソリューションズの全社的なDX推進を担う事業戦略本部デジタルアナリティクス課（現・DX推進本部データサイエンス推進課）がDX推進部門として参加しました。

保守対応が1度の訪問で完了しない原因

　保守サービス改革TFでは、まず顧客に導入した製品で障害が発生した際に、1度の顧客訪問で保守対応が完了できない原因を分析しました。その結果、大きく2つの原因があることを確認しました。

　1つはCEが顧客を最初に訪問した際、復旧処置に必要な部品を携行していないこと。もう1つはそもそも当時のCEの間で「1度の訪問で保守対応を必ず完了させる」という意思統一を図れていなかったことです。以下にそれぞれを詳しく説明します。

　プリンターや複合機の保守部品は何千種類とあり、中には大型な部品もあります。そのためCEは顧客訪問時にすべての保守部品を携行することはできません。障害の内容によっては、復旧処置に必要な部品を持参できていなかったのはそのためです。

京セラDSJが「保守サービスDX」で解決した課題

**京セラDSJは、障害が発生した際に1度の顧客訪問で保守対応を完了できるよう
4つの課題の解決に取り組んだ**

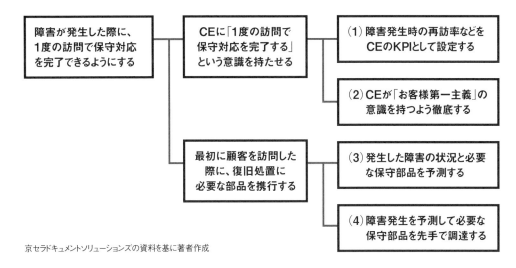

| 障害が発生した際に、1度の訪問で保守対応を完了できるようにする |

京セラドキュメントソリューションズの資料を基に著者作成

この場合、別の日に改めて訪問して保守作業を行う必要がありました。特に、復旧処置に必要な部品がサービス拠点の倉庫にない場合には、部品の調達が必要になり、顧客を長時間待たせることもありました。

また当時のCEの一部には「障害が発生した際に保守対応するのが自分の仕事」と考えているメンバーもおり、「1度の訪問で保守対応を完了させる」という高い意識を持つメンバーばかりではありませんでした。

保守サービスDXで解決すべき課題

1度の顧客訪問で保守対応が完了できない原因を分析した保守サービス改革TFは、2つの原因を解消するための打ち手につながる課題を検討しました。

まずCEの意識を変えるため、サービス拠点やCEごとに、障害発生時の再訪率などの保守効率をKPIとして設定することにしました。拠点やCEが

京セラDSJが「保守サービスDX」で導入した仕組み

京セラDSJは、4つの課題を解決するための「保守効率KPI管理システム」
「保守部品レコメンドシステム」を使った新しい仕組みを導入した

解決策 CEの意識向上と保守部品需要予測による
障害発生時の再訪低減

対象業務 障害発生時の保守対応

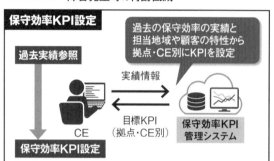

保守効率KPI設定

過去の保守効率の実績と
担当地域や顧客の特性から
拠点・CE別にKPIを設定

過去実績参照

実績情報

目標KPI
(拠点・CE別)

保守効率KPI
管理システム

CE

保守効率KPI設定

改善アクション検討

KPIの目標・実績の差異と
その原因を特定し、
改善に向けたアクションを検討

実績月次集計

目標・実績差異確認

原因究明と改善

KPI
目標・実績

ズレが
大きいな

●●が
不十分だ。
改善しよう!

保守効率KPI
管理システム

CE

CE

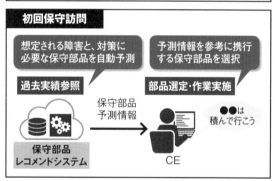

初回保守訪問

想定される障害と、対策に
必要な保守部品を自動予測

予測情報を参考に携行
する保守部品を選択

過去実績参照

部品選定・作業実施

保守部品
予測情報

●●は
積んで行こう

保守部品
レコメンドシステム

CE

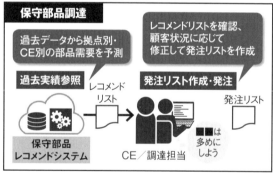

保守部品調達

過去データから拠点別・
CE別の部品需要を予測

レコメンドリストを確認、
顧客状況に応じて
修正して発注リストを作成

過去実績参照

レコメンド
リスト

発注リスト作成・発注

発注リスト

保守部品
レコメンドシステム

CE/調達担当

●●は
多めに
しよう

新しい仕組み
の定着化施策
・事業本部のトップである本部長自らが、業務変革の狙いや取り組み内容をCEに直接説明する
・サービス拠点ごとに業務改革推進リーダーを任命し、CEが新しい業務プロセスを実施する際のサポートを行う

新しい仕組み
による効果
・障害発生時の顧客への再訪率 ： 17年 10%程度 ⇒ 19年 3%台
・顧客への提案にかける時間の拡大、提案件数の増加 ・配送コスト：約20%減

京セラドキュメントソリューションズの資料を基に著者作成

　KPIを意識して日常の作業を遂行することで、自ら考えて保守作業の効率を
上げられるとの考えからです。
　同時に、経営幹部や上位管理者がCEに対して直接、「お客様第一主義」の

意識を持つことについて説明し、理解を求めました。上位職者が直接説明することで、意識を高めてくれるCEが増えると考えたためです。

　最初の顧客訪問時に必要な保守部品を携行するには、本部側が製品の障害の状況と対応で必要な保守部品を予測し、その情報をCEに提供することにしました。CEが障害対応に必要な保守部品を的確に選定しやすくなるためです。

　またCEが携行したい保守部品の在庫切れを起こさないようにするため、あらかじめ障害の発生を予測して、必要な保守部品を先手で調達することにしました。

　以上をまとめると、京セラDSJが設定した課題は次の通りです。

■CEの意識を変えるために解決すべき課題
・障害発生時の再訪率などをCEのKPIとして設定する
・CEがお客様第一主義の意識を持つよう徹底する

■最初の顧客訪問時に必要な保守部品を携行するための課題
・発生した障害の状況と必要な保守部品を予測する
・障害発生を予測して必要な保守部品を先手で調達する

KPIを設定してCEの意識を変革

　京セラDSJは「障害発生時の再訪率などをCEのKPIとして設定する」という課題を解決するために、新たな業務プロセスとシステムを導入することにしました。具体的には、サービス拠点別・CE担当別に、再訪率やCE活動件数などの保守効率の数値目標を新たに設定し、その実績を月次で集計します。さらに、目標に対する実績を踏まえて、CEは上長と協議して改善に向けた計画とアクションアイテムを検討し実行します。

　「CEがお客様第一主義の意識を持つよう徹底する」という課題については、サービス事業本部のトップである本部長自らが、業務変革の狙いや取り組み内容をCEに直接説明することにしました。またサービス拠点ごとに「業務改革推進リーダー」を任命し、DX推進部門のメンバーと一緒になって、CEがシステムを使った新しい業務プロセスを実施する際のサポートを行いました。

稼働状況の解析による先手対応

　「発生した障害の状況と必要な保守部品を予測する」という課題についても、解決に向けて新たなシステムと、そのシステムを活用した業務プロセスを導入しました。具体的には、顧客に導入している製品の稼働状況と過去の障害実績を基にシステムを使って、想定される障害と対策で必要な保守部品に関する情報を生成しCEに提供。CEはその情報を参考にして障害に対応するために携行する保守部品を選択します。さらに、いつどこでも瞬時に情報へアクセスできるよう、CEにタブレット端末を携帯させました。

　「障害発生を予測して必要な保守部品を先手で調達する」という課題については、障害対応で必要な保守部品の在庫切れを抑制するために、新たなシステムと業務プロセスを導入しました。具体的には、製品の稼働状況を基に、AIを使って拠点別・CE別の保守部品の需要を予測して「レコメンドリスト（必要な保守部品の一覧）」を作成。CEは、顧客の状況を踏まえてレコメンドリストを修正して発注内容を決定します。

京セラDSJでの新しい仕組みの展開

　保守サービス改革TFは全国のサービス拠点に展開する前に、2つの拠点を選んで新しいシステムや業務を試行展開しました。そこでの実行状況を評価

してシステムや業務運用の問題を把握し、改善を加えた上で全拠点に展開しています。

　2拠点での試行展開と並行して、サービス事業本部の本部長が全国の拠点を回って新しい仕組みをCEに説明しました。ここでは、データの裏付けを用いた説明を行い、説得ではなく納得を引き出して、顧客に直接対応するCEの自発的な判断と行動を促しました。

　そして、全サービス拠点に展開する際には、業務改革推進リーダーとDX推進部門が新しいシステムの活用方法や業務プロセスの実施方法を説明し、日常的な問い合わせに対応しました。

保守サービスDXの効果

　保守サービス改革TFが中心となってDXを推進した直接的な効果として、取り組みを始めた2017年当時10％程度あった障害発生時の顧客への再訪率を、2019年には3％台にまで改善しました。その結果、顧客満足度も大幅に向上しています。

　この取り組みによるもう1つの大きな効果は、CEの意識が変わり、顧客への提案にかける時間を増やせたことです。この活動はその後、顧客の課題解決につながる、「買い替え確率を予測したリプレースターゲットリストを使った先手提案」や「クロスセルレコメンドリストを使ったクロスセル提案」に発展しています。

　この取り組みは想定外の効果にもつながりました。当時、障害が発生した際、拠点に必要な保守部品が無いと、その都度発注し個別に小口配送していました。それが、障害の発生を予測した精度の高い事前発注を行うことにより、都度発注・個別配送を激減させることができたのです。その結果、保守部品の配送コストを約20％削減しています。

京セラDSJが「保守サービスDX」で構築したシステム

京セラDSJは過去の障害実績や保守部品の使用傾向を分析して、事前に調達すべき保守部品をレコメンドするシステムを構築

システム 保守部品レコメンドシステム

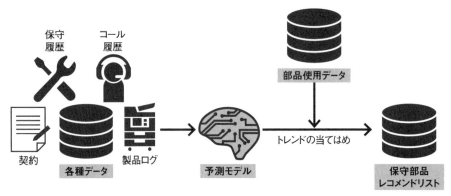

京セラドキュメントソリューションズの資料を基に著者作成

AIを使った予測モデル構築での試行錯誤

京セラDSJが保守サービスのDXで苦労した点は大きく2つあります。1つは、レコメンドリストを作成するためのAIを使った需要予測モデルの構築。もう1つは、顧客に直接対応するCEの徹底的な意識改革です。

レコメンドリストを作成するための需要予測モデルの構築では、需要予測に必要な「データの量と質」について、多くの試行錯誤を繰り返しました。特に、CE別に保守部品の需要予測をする上で、部品の種類の多さに対して実績データ数が圧倒的に少なかったので、運用可能な予測精度を得るためのデータ選定を何度も行いました。

製品によっては、品質を高めるための設計変更が販売期間中に行われることがあり、同じ製品種でもデータの傾向が大きく変わる場合がありました。最終的には稼働実績に季節変動を加味したシンプルなトレンド予測モデルを

構築しました。それは現在も運用していますが、需要の実態と予測モデルが乖離しないように、四半期ごとにモデルを見直しています。

上位管理者の強い意識と直接の行動

　もう1つの苦労した点である「CEの徹底的な意識改革」については、先述した通り全拠点への展開に先行して2拠点を選んで試行展開しました。その際には、当初、保守サービス改革TFのメンバーである京セラDSJの本社スタッフや京セラドキュメントソリューションズのデジタルアナリティクス課が中心にCEへ説明しました。

　しかし当時のCEの人員数は潤沢ではなく、提案に必要な商品知識の習得や、顧客の課題解決に向けた提案活動を試みるだけで精一杯の状況でした。そのため、取り組みの必要性は理解するものの、行動を変えることは大きな負担になりました。

　そこで「保守サービス業務に精通するサービス事業本部の本部長が粘り強く説明する」「並行して、CE現場作業の効率化を進める」という対策を打ち、なんとかCEの行動を変えることに成功しています。

5-2

日立製作所大みか事業所製造現場のDX事例

人々の快適で便利な生活を支える社会の重要インフラを守る。
デジタル技術を使った生産変革で世界の先進工場「Lighthouse」に。
日立製作所 大みか事業所の製造現場でのDX事例を紹介する。

　日立製作所はモビリティー、エネルギー、インダストリーなど各分野のビジネスや社会インフラを支える設備・機器、ITソリューション、コンシューマー向けの家電製品などを手掛ける総合電機メーカーです。

　本事例で紹介する「大みか事業所」は、日立製作所が社会インフラ事業を支える工場の一つとして1969年に茨城県日立市に設立しました。約20万平方メートル（東京ドーム約4個分）の敷地に約4000人が働き、社会の重要インフラを支える「情報制御システム」の製造や運用保守を担っています。

　現在は、列車の運行を制御する「鉄道分野」、工場の生産ラインや上下水道設備を制御する「社会・産業分野」、電気の発電や送電を制御する「電力分野」などの分野で、ソフトウエアとハードウエアを組み合わせたシステム品の設計、製造、導入、運用保守を行っています。

世界の先進工場「Lighthouse」に認定

　大みか事業所が提供するシステム品は、社会の重要インフラのため、24時間365日ノンストップ、長期稼働保証など、高い安全性・信頼性が求められ

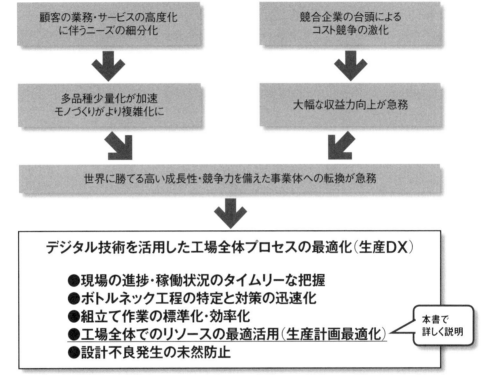

日立製作所の資料を基に著者作成

ます。また、一つひとつのシステムが顧客や設備ごとの特性に合わせて作る
カスタム仕様です。そのため多くの種類のシステム品を、一つひとつ異なる
仕様で作る「多品種少量生産」でモノづくりをしています。

　多品種少量生産は、同じ製品を1度に多数作る「量産」と比べて自動化でき
る部分が少なく、生産性の向上が難しいモノづくりの方式です。大みか事業
所は長い期間をかけて現場業務の改善やデジタル技術を活用した生産変革に
取り組み、大きな生産性の向上を実現しています。その結果、2020年1月、

世界経済フォーラム（WEF）によって「Lighthouse」（第4次産業革命をリードする先進的な工場）に日本企業として初めて選出されました。

「生産DX」に取り組んだ背景

　大みか事業所は1990年代後半から、製造改革プロジェクト、設計改革プロジェクトなどを立ち上げ、現場の整頓やモノの流れ・人の動きの整理、紙の書類の削減、作業の重複や後戻りの廃止など、業務の効率化や品質向上を進めてきました。2000年代に入ると、顧客企業のサービスや業務の高度化に伴い、要望やニーズがますます細分化され、モノづくりはより複雑になりました。その中で、競合企業の台頭によりコスト競争も激しさを増し、収益力の向上が重要な経営課題になりました。

　こういった経営環境の変化の中で、「世界に勝てる高い成長性・競争力を備えた事業体への転換」を目指して、2005年より「デジタル技術を活用した工場全体プロセスの最適化＝生産DX」の取り組みを開始しました。

　この取り組みは設計、製造、生産管理、品質保証などの各部署からメンバーを集め、システム部門が検討をリードし、先端技術に精通する研究所が協力するという部署横断の事業所全体活動として推進しています。

「生産DX」での変革テーマ

　大みか事業所のデジタル技術を導入する前の生産現場では、紙や掲示板での作業指示と進捗確認が主流でした。そのため、個々の生産現場の実績は作業完了後には分かるものの、進捗状況や問題点をタイムリーにつかむことが難しい状況でした。

　そこでまず、長年の改善で整理されていた業務プロセスに約8万枚のRFID（Radio Frequency Identifier）を導入し、作業の進捗・状態、作業者情

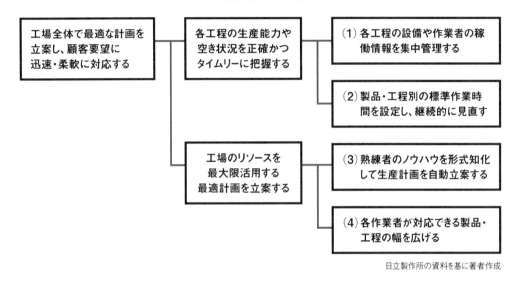

大みか事業所が「生産計画最適化」で解決した課題

大みか事業所は顧客からの納期・仕様に対する変更要望への迅速な対応を実現するため、
4つの課題の解決に取り組んだ

日立製作所の資料を基に著者作成

報をデータ化することで見える化し、業務を変革する土台を作りました。

　生産DXでは、この土台を基に「現場の進捗・稼働状況のタイムリーな把握」「ボトルネック工程の特定と対策の迅速化」「組立作業の標準化・効率化」「工場全体でのリソースの最適活用（生産計画最適化）」「設計不良発生の未然防止」という5つの変革テーマに取り組みました。本書では、2010年から2014年に取り組んだ「工場全体でのリソースの最適活用（生産計画最適化）」について詳しく説明します。

「生産計画最適化」の背景・目的

　2010年当時、大みか事業所全体で特に大きな問題となっていたのが、顧客

要望などによる頻繁な納期や仕様の変更への対応です。ひとたび変更が発生すると、工場の各部署から人が集まり、状況把握と対策の検討に多くの時間と労力を使わなければなりませんでした。その変更は週に何度も起こることがあり、関係部署に大変な負担をかけていました。

　この問題を解消するために取り組んだのが「工場全体のリソースの最適活用（生産計画最適化）」です。

要望変更の対応に手間がかかる原因

　生産計画最適化では、まず、頻発する納期や仕様の変更にスムーズに対応できない原因を特定しました。その原因は大きく2つあります。

　1つは、各工程の生産能力や空き状況の把握に非常に時間がかかること。もう1つは、生産計画を立案、変更するやり方が属人的だったことです。以下に、それぞれについて詳しく説明します。

　大みか事業所の制御システムは、筐体の板金加工、制御用プリント基板の製造、部品組立、配線処理、本体組立など多くの工程を経て作られます。各工程には担当部署が割り当てられて、それぞれが責任を持って作業の推進・管理をしますが、全ての工程の状況を横断して把握している部署や人はいません。そのため、変更が発生する都度、関係する部署の代表者が集まり、長時間の対策会議をしていました。残念なことに、この時間の大半は各工程の現状把握のヒアリングに費やされていました。

　また、現状を把握した後に対策を検討する方法も個人の経験・ノウハウに依存していました。変更作業を担当できる設備・作業者、必要な見込み時間、従来の計画のすき間時間など多くの情報を考慮する必要があり、業務に精通した熟練者でないと適切な変更計画を立てられません。立案した計画の妥当性を評価することもできませんでした。

大みか事業所の「生産計画最適化」で実現した仕組み

顧客からの注文情報、リアルタイムの進捗・稼働情報、製品別・工程別の標準情報を組み合わせて、最適な生産計画を自動立案

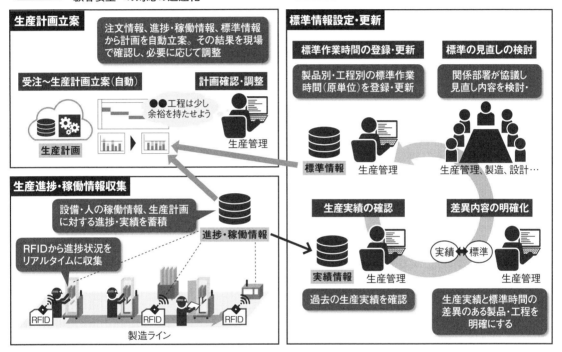

解決策　生産能力を考慮した計画立案による顧客要望への対応の迅速化

対象業務　生産計画の立案・変更

生産計画立案

注文情報、進捗・稼働情報、標準情報から計画を自動立案。その結果を現場で確認し、必要に応じて調整

受注～生産計画立案（自動）／計画確認・調整

●●工程は少し余裕を持たせよう

生産計画／生産管理

生産進捗・稼働情報収集

設備・人の稼働情報、生産計画に対する進捗・実績を蓄積

進捗・稼働情報

RFIDから進捗状況をリアルタイムに収集

RFID／RFID／RFID　製造ライン

標準情報設定・更新

標準作業時間の登録・更新
製品別・工程別の標準作業時間（原単位）を登録・更新
標準情報／生産管理

標準の見直しの検討
関係部署が協議し見直し内容を検討・
生産管理、製造、設計…

生産実績の確認
実績情報／生産管理
過去の生産実績を確認

差異内容の明確化
実績◀▶標準
生産管理
生産実績と標準時間の差異のある製品・工程を明確にする

新しい仕組みの定着化施策
・代表製品で標準情報設定・更新業務を実行・検証し、詳細な業務手順をマニュアル化
・各作業者が対応できる製品・工程の幅を広げるため、人材育成計画、教育プログラムを整備

新しい仕組みによる効果
・生産計画の立案・変更にかかる業務工数：　従来比 約50%削減
・顧客への納期回答スピードの向上

日立製作所の資料を基に著者作成

「生産計画最適化」で解決した4つの課題

　次に、特定した2つの原因を解消するための打ち手につながる課題を検討しました。

　まず、「各工程の生産能力や空き状況の把握に時間がかかる」という原因を解消するため、これまで部署ごとに紙やExcelで管理していた設備や作業者の稼働情報を、事業所全体で集中管理することにしました。また、製品別・工程別の標準作業時間を設定して、実態に合うように継続的に見直すことにしました。標準作業時間は生産計画を立案するための重要な基礎情報です。

　次に、「生産計画を立案、変更するやり方が属人的」という原因を解消するために、熟練者が行っていた生産計画の立案や修正の方法を形式知化し、生産計画の立案や修正を自動化することにしました。そして、生産計画の柔軟性を高めるために、モノづくりに関わる作業者が対応できる製品・工程の幅を広げる多能工化にも取り組みました。

　以上のように、納期や仕様の変更にスムーズに対応するため以下の4つの課題を解決することにしました。

- 各工程の設備や作業者の稼働情報を集中管理する
- 製品・工程別の標準作業時間を設定し、継続的に見直す
- 熟練者のノウハウを形式知化して生産計画を自動立案する
- 作業者が対応できる製品・工程の幅を広げる

工場の能力・稼働状況の正確な把握

　「各工程の設備や作業者の稼働情報を集中管理する」という課題を解決するため、従来、紙に手作業で記録していた業務を、新たなシステムにより自動収集するようにしました。具体的には、RFIDから生産進捗や作業人員に関する情報をリアルタイムに収集し、人員や設備の稼働情報、生産計画に対する進捗・実績情報を蓄積します。

　「製品・工程別の標準作業時間を設定し、継続的に見直す」という課題については、過去の生産実績を基に、従来よりも詳細な製品別・工程別の単位で

標準作業時間を算出・設定しました。また、標準作業時間の精度を継続的に高めるため、定期的にRFIDから取得する実績情報と標準情報を突き合わせて見直すサイクルを定着させました。

生産能力を最大限に活かす計画立案

「熟練者のノウハウを形式知化して生産計画を自動立案する」という課題の解決では、熟練者が生産計画の立案や修正をする方法を調査した上で形式知化し、シミュレーション技術を用いてシステム化しました。そのシステムでは、顧客からの注文情報、RFIDから収集した進捗・稼働情報、製品別・工程別の標準作業時間を基に、顧客の要望に応えられ、工場の負荷が最も低くなる生産計画を自動で立案します。ただし現場でよく起こる細かな調整ごとなどにより変更が必要な場合があるため、システムで立案した計画を現場で確認、修正する運用にしています。

大みか事業所では、「生産計画最適化」で構築した新しいシステムのことを「工場シミュレーター」と呼んでいます。

「作業者が対応できる製品・工程の幅を広げる」という課題については、各製品を製造する作業手順の継続的な標準化や、若手人材の技術力向上のための教育などを進め、時間をかけて多能工化に取り組みました。これについては、生産DXの5つの変革テーマのうち「組立作業の標準化・効率化」で構築した「組立ナビゲーションシステム」が大きく貢献しています。

新しい仕組みの展開と効果

大みか事業所はDXで新しい仕組みを展開する際、最初から完成形を目指さずに段階的に進化させる、という考え方で定着化を進めています。

生産計画最適化でも、電力分野の代表製品をモデルケースに、新しいシス

大みか事業所が「生産DX」で構築したシステムの全体像

大みか事業所の生産DXでは、
デジタル技術を活用した5つの解決策を組み込んだシステムを実現した

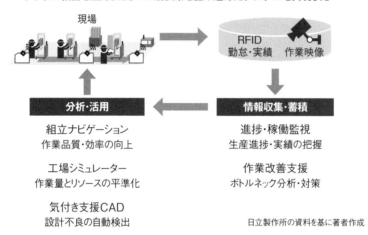

現場

RFID
勤怠・実績　作業映像

分析・活用

組立ナビゲーション
作業品質・効率の向上

工場シミュレーター
作業量とリソースの平準化

気付き支援CAD
設計不良の自動検出

情報収集・蓄積

進捗・稼働監視
生産進捗・実績の把握

作業改善支援
ボトルネック分析・対策

日立製作所の資料を基に著者作成

テムや業務の試行運用を行いました。具体的にはまず、活動に参画した研究所の保有するシミュレーターを改修してプロトタイプシステムを開発。このシステムを活用して、標準作業時間の設定・見直し、稼働情報の収集、生産計画の立案・修正という一連の業務を運用。その状況を把握・評価して、システムや業務を改善する。このサイクルを繰り返すことで、現場で確実に実行できる仕組みに仕上げていきました。

　モデルケースで展開したシステムや業務は、その後に電力分野の他製品や、鉄道や社会・産業の他分野の製品に順次展開され、およそ3年をかけて大みか事業所全体に展開しています。現在も、現場での新たな困りごとを発見し解決に向けた改善を続けています。

　大みか事業所は生産計画最適化に取り組んだことで、大きな負担となっていた生産計画を立案・変更する際の業務負荷を約50%削減することに成功しました。生産リードタイムの短縮やキャッシュフローの改善といった効果にもつながっています。

生産DX成功のポイント

　大みか事業所が生産DXを進める中で最も力を入れたのは、新しい取り組みに対して現場から理解と協力を得るための活動です。試行錯誤を繰り返し、様々な工夫を凝らしながら進めました。

　最後に、大みか事業所が実体験の中から見出したDX成功のポイントを3つ紹介します。

■トライ＆エラーだからこそ目的を明確にする

　トライ＆エラーの考え方で進めるからこそ変革の目的が重要。目的を持たずにトライ＆エラーをしようとすると、単なるツール導入になりやすいので注意だ。

■現場に余計なことはさせない

　たとえ目的に沿っていても、現場に余計な負荷はかけない。現場の仕事の流れの中で、必要な作業プロセス、便利になるプロセスを組み込む工夫が大切である。

■経営者が覚悟をもって深く関与する

　大きな変革では強力なトップダウンが必要。経営者自身が、お金を出す、組織を作る、人を配置するといった具体的な関与を持つ。また、現場に歩み寄りすぎず、一貫して経営者の目線で活動を評価し、見守る覚悟を持つ。

Appendix

DX実現内容検討での
成果物サンプル

DXの実現内容の検討時に作る成果物を紹介する（本編で紹介できなかったものも含む）。最初に成果物の体系を説明した図を掲載した。以降の各成果物とは番号で関連付けている。なお「(16) 新業務リスト」「(17) 新業務機能関連図」は現行と同様にまとめるため、「(24) DX推進KPI」「(25) DX試行展開範囲」は任意の帳票であるため、いずれも割愛した。

DXの実現内容の検討時に作成する成果物の体系

※（16）新業務リスト、（17）新業務機能関連図は現行と同様にまとめる。（24）DX推進KPI、（25）DX試行展開範囲は任意の帳票

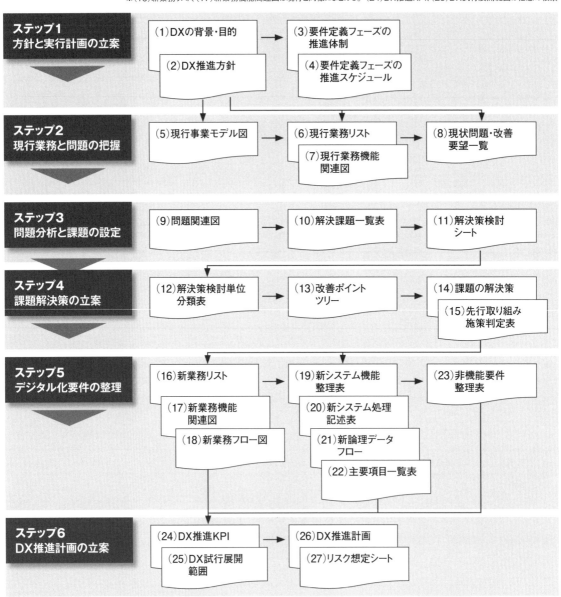

（1）DXの背景・目的

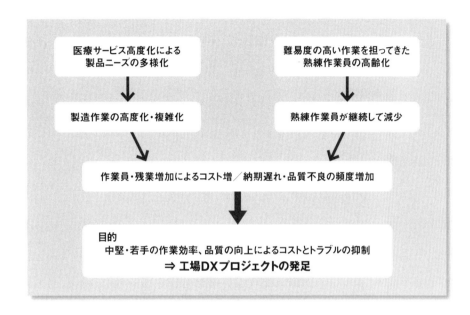

医療サービス高度化による
製品ニーズの多様化

↓

製造作業の高度化・複雑化

難易度の高い作業を担ってきた
熟練作業員の高齢化

↓

熟練作業員が継続して減少

作業員・残業増加によるコスト増／納期遅れ・品質不良の頻度増加

目的
中堅・若手の作業効率、品質の向上によるコストとトラブルの抑制
⇒ 工場DXプロジェクトの発足

（2）DX推進方針

● **DX推進テーマ**
製造作業の効率化・品質向上により製造コストとトラブル発生を抑制するために、モノづくりのやり方を見直す

● **期待成果**
・製造作業の効率を高め、作業員や残業の増加を抑える
・作業品質を安定させ、納期遅れや品質不良の発生を抑える
・異常の発生を早期に発見し、必要な対策を迅速に打つ

● **制約条件**
・2022年4月までに特定部署を対象に新しい仕組みの試行を開始する
・2025年4月までに全工場への展開・定着化を完了する
・作業の効率・品質を高める上で有効であれば既存ITも活用する
・現在利用している生産設備・機器は原則として変更しない

● **対象範囲**
【事業】　　　医療機器製造・販売事業
【業務】　　　工場の製造業務
【部署・拠点】生産本部が管掌する国内3工場

（3）要件定義フェーズの推進体制

プロジェクトマネジャー（PM）

プロジェクトの立ち上げ、検討内容の評価・承認を行う

生産本部　高橋本部長

プロジェクトリーダー（PL）

検討内容と進捗を管理し、PMへの報告・相談を行う

製造部　寺田部長

コーディネーター

進め方の検討、会議体の進行を行う

日経ITソリューションズ　村山

レビュアー

進め方や検討内容に対してアドバイスを行う

保守サービス部　北村、塩田

DXデザイナー

デジタル技術を活用した解決策の素案を検討する。

IT部　馬場
日経ITソリューションズ　飯田

検討メンバー

必要な情報の提供、解決すべき問題・課題の検討、解決策のレビューを行う

製造部1Gr　熊本、柴山
製造部2Gr　市川、吉田
品質保証部　川出、嶋村
設備管理部　倉橋、渡辺

事務局

検討準備、検討結果のまとめ、メンバーとの連絡や調整を行う

IT部　松本部長
IT部　森、田島

（4）要件定義フェーズの推進スケジュール ｜ ステップ1　方針と実行計画の立案

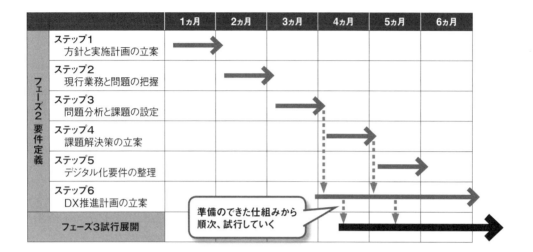

（5）現行事業モデル図

【医療機器製造・販売事業】
　健康の維持・促進に向けて、異常の発
生や進行を早期に把握する機器を提供

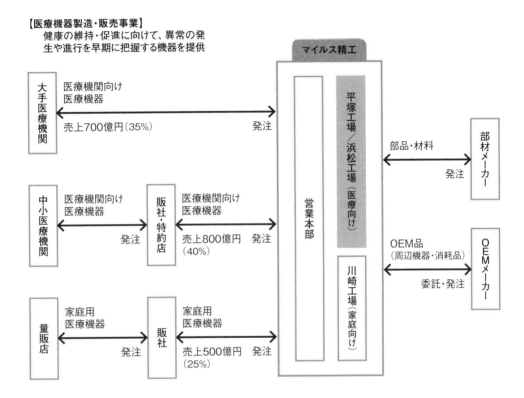

215

（6）現行業務リスト

ステップ2 現行業務と問題の把握

業務機能 （業務機能第二階層）	業務内容	作業項目 （業務機能第三階層）
半製品製造	生産計画で決定される加工指示に基づいて、納入された部品・材料を加工し、半製品を製造する	・加工指示確認 ・加工実施 ・加工品質検査 ・加工実績記録
完成品製造	生産計画で決定される組立指示に基づいて、納入された部品・材料、製造された半製品の最終組立を実施し完成品を製造する	・組立指示確認 ・組立実施 ・組立品質検査 ・組立実績記録
品質管理	半製品／完成品の品質基準を決めるとともに、その基準に基づき検査結果を確認し、必要に応じて品質の改善策を立案する	・品質基準設定 ・品質実績管理 ・品質改善策立案
設備管理	工場の各設備・機器を導入するとともに、日常的な巡回・点検や、異常発生時の対応を行い、設備を正常な状態に維持する	・設備導入 ・設備巡回 ・点検・部品交換 ・停止・異常対応

（7）現行業務機能関連図

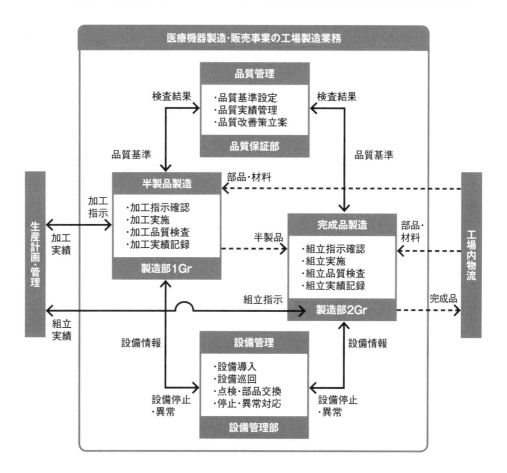

(8) 現状問題・改善要望一覧　　ステップ2　現行業務と問題の把握

No	業務機能	部署／氏名	影響／効果	問題／要望	原因／背景
1	完成品製造	製造部2Gr 吉田	作業進捗遅れの対策に時間がかかる	組立作業中の進捗遅れが早期に発見できない	組立作業が完了した時点で実績を報告している
2		製造部2Gr 市川	残業や増員でのリカバリーが必要になる	管理者が気付かないまま作業の進捗が遅れていることがある	組立作業が始まった後の進捗状況は作業者にしかわからない
3		設備管理部 渡辺	製造装置の停止が突発的に発生する	製造装置の異常が発生する予兆を発見できない	完成品を製造するために必要な製造装置が多い
4		設備管理部 倉橋	装置トラブル（チョコ停）が頻発し、修復作業に追われる	建屋が広いため、製造装置の巡回、監視に非常に時間がかかる	製造装置の巡回、監視を一人で対応している
5	半製品製造	製造部1Gr 熊本	作業ミスの手直しや不良品の作り直しに手間がかかる	若い作業者が手順の間違いや予期せぬミスをすることがある	半製品の組立作業は部品数も多く細かな作業も多い
6		製造部1Gr 柴山	ライン停止の原因究明や対策に多大な時間と労力を要する	製造ラインが突発的に停止することがある	製造ラインの状態の異常を早期に発見できない
7		設備管理部 倉橋	メーカーへの問い合わせや部品の取り寄せに時間がかかる	設備トラブルの対応に必要な部品が不足していることがある	常備する部品は個々の担当者に経験で内容・数量を決めている
8		品質保証部 川出	検査工程で不良品が発見されリカバリーに時間がかかる	作業者自身が組立作業をしている中でミスに気付くことが難しい	細かな作業が多いが、セルフチェックは個人任せになっている

(9) 問題関連図

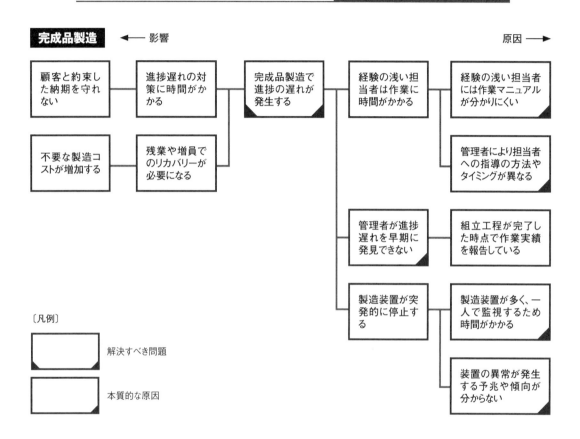

完成品製造　◀──　影響　　　　　　　　　　　　　　　　　　　　　原因 ──▶

〔凡例〕

□　解決すべき問題

□　本質的な原因

（10）解決課題一覧表　　ステップ3　問題分析と課題の設定

完成品製造

解決課題	本質的課題	評価		判定	先行取り組み課題	備考
		重要性	実現性			
完成品製造での進捗遅れの発生を抑える	経験の浅い担当者でも容易に作業内容を理解できるようにする	A	B	Go	○	ベテランの作業手順・動作をデータ化し、視覚的にわかる作業ナビゲーションをタブレット端末で参照する
	担当者の指導を適切なタイミング、内容で行えるようにする	A	B	Go		
	管理者が作業進捗の遅れを早期に発見できるようにする	A	B	Go	○	タブレット端末から従来より詳細な単位で進捗を登録し、状況や遅れのアラート情報を管理者に提供する
	製造装置の状態の監視を手間少なく短時間で行えるようにする	A	B	Go		
	製造装置の異常が発生する予兆や傾向を分析・共有する	A	B	Go		
	完成品の外観検査を人手をかけずに短時間で行えるようにする	A	B	Go		

（11）解決策検討シート

解決課題 完成品製造での進捗遅れの発生を抑える

本質的課題 製造装置の状態の監視を手間なく短時間で行えるようにする

業務プロセス	情報・ノウハウ	制度・ルール	組織・体制	職場環境	その他
・製造装置にセンサーを設置し、稼働状態を自動で監視する	・製造装置の温度、振動、電流に関する情報を集める	・センサーを設置する観点から製造装置の特性を分類する ・製造装置の状態を監視するタイミング・サイクルを決める ・装置状態を担当者にpushで知らせる温度、振動、電流の初期基準を設定する	・製造装置の状態を監視する部署、担当者を決める	・製造装置の特性に合わせてセンサーを設置する	・長期稼働や省エネの実績があるセンサーを選ぶ

（12）解決策単位分類表　　ステップ4　課題解決策の立案

完成品製造　　**解決課題**　完成品製造での進捗遅れの発生を抑える

本質的課題	改善が必要な業務機能	解決の方向性	解決策の名称
経験の浅い担当者でも容易に作業内容を理解できるようにする	完成品製造での組立作業	完成品製造での組立作業の手順を詳細化する	組立作業手順の詳細化による進捗遅れの削減と早期発見
管理者が作業進捗の遅れを早期に発見できるようにする	完成品製造での組立作業の進捗管理	詳細化した作業手順単位で進捗を報告・管理する	
製造装置の状態の監視を手間を少なく短時間で行えるようにする	完成品製造で使用する製造装置の巡回監視	製造装置にセンサーを設置して稼働状態を自動監視する	製造装置の稼働状態の自動監視による突発停止の未然防止
製造装置の異常が発生する予兆や傾向を分析・共有する	完成品製造で使用する製造装置の巡回監視	製造装置の異常発生情報を分析して予兆や傾向を検知する	
完成品の外観検査を人手をかけずに短時間で行えるようにする	完成品の形状、寸法、キズなどの外観検査	先進検査装置により完成品の外観異常の発見を自動化する	完成品外観検査の自動化による、検査の効率化と納期短縮

（13）改善ポイントツリー

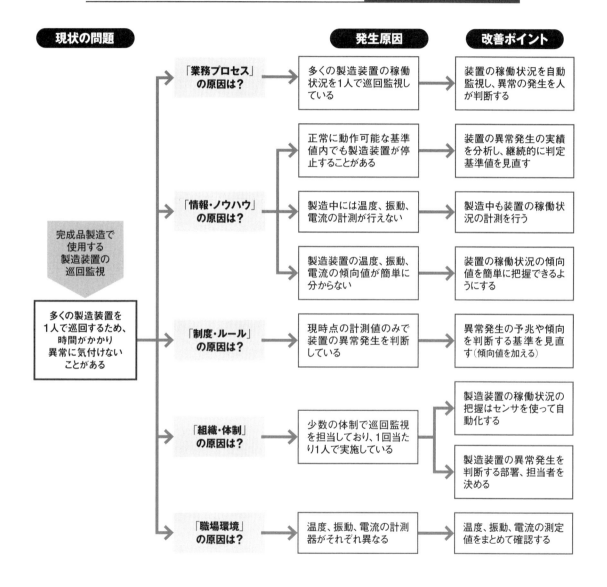

現状の問題

発生原因

改善ポイント

現状の問題	発生原因	改善ポイント
「業務プロセス」の原因は？	多くの製造装置の稼働状況を1人で巡回監視している	装置の稼働状況を自動監視し、異常の発生を人が判断する
「情報・ノウハウ」の原因は？	正常に動作可能な基準値内でも製造装置が停止することがある	装置の異常発生の実績を分析し、継続的に判定基準値を見直す
	製造中には温度、振動、電流の計測が行えない	製造中も装置の稼働状況の計測を行う
	製造装置の温度、振動、電流の傾向値が簡単に分からない	装置の稼働状況の傾向値を簡単に把握できるようにする
「制度・ルール」の原因は？	現時点の計測値のみで装置の異常発生を判断している	異常発生の予兆や傾向を判断する基準を見直す（傾向値を加える）
「組織・体制」の原因は？	少数の体制で巡回監視を担当しており、1回当たり1人で実施している	製造装置の稼働状況の把握はセンサを使って自動化する
		製造装置の異常発生を判断する部署、担当者を決める
「職場環境」の原因は？	温度、振動、電流の計測器がそれぞれ異なる	温度、振動、電流の測定値をまとめて確認する

完成品製造で使用する製造装置の巡回監視

多くの製造装置を1人で巡回するため、時間がかかり異常に気付けないことがある

（14-1）課題の解決策

解決策の名称 組立作業手順の詳細化による進捗遅れの削減と早期発見

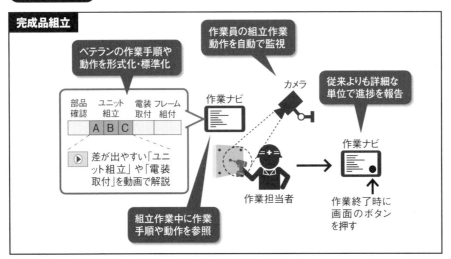

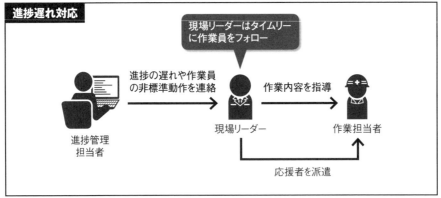

対象業務機能　完成品製造の組立作業と進捗管理

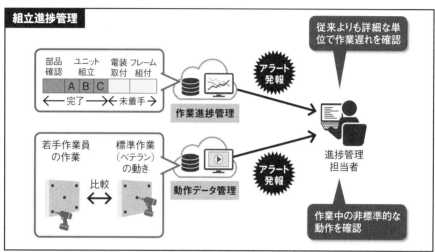

組立進捗管理

部品　ユニット　電装　フレーム
確認　組立　取付　組付

A B C

←　完了　→←　未着手　→

作業進捗管理

アラート発報

従来よりも詳細な単位で作業遅れを確認

若手作業員の作業

標準作業（ベテラン）の動き

比較

動作データ管理

アラート発報

進捗管理担当者

作業中の非標準的な動作を確認

品質基準設定

検査報告書

AI

品質不良が発生する原因の仮説を自動検知

製造装置を変えるか手順を変えよう

不良実績の分析

品質不良原因（仮説）の報告

進捗管理担当者

品質管理担当者

組織・制度等の変更条件
・作業中に作業マニュアルを参照するレイアウトや機器を決める
・作業中に進捗遅れや動作不良が発生した場合の対応方法を決める　・・・

期待効果
・組立作業進捗遅れの早期発見による作業遅延時間の削減：（現状）〇時・間/日 →（目標）△時間/日
・組立作業方法間違いの早期発見による不良発生の予防：（現状）□個/日 →（目標）◇個/日　・・・

（14-2）課題の解決策

解決策の名称 製造装置の稼働状態の自動監視による突発停止の未然防止

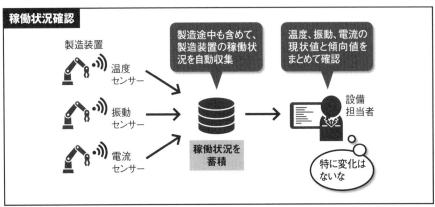

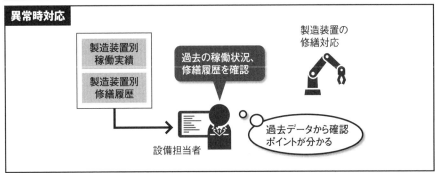

対象業務機能　完成品製造で使用する製造装置の巡回監視

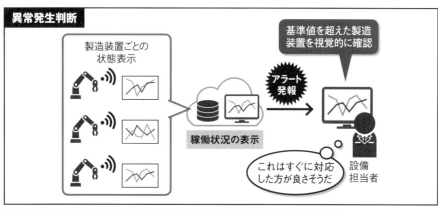

異常発生判断

製造装置ごとの
状態表示

基準値を超えた製造
装置を視覚的に確認

アラート
発報

稼働状況の表示

これはすぐに対応
した方が良さそうだ

設備
担当者

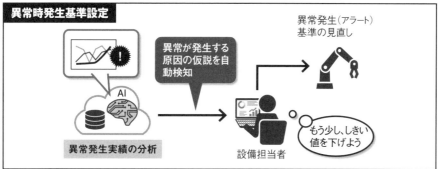

異常時発生基準設定

異常が発生する
原因の仮説を自
動検知

異常発生(アラート)
基準の見直し

異常発生実績の分析

設備担当者

もう少し、しきい
値を下げよう

組織・制度等の変更条件　・製造装置の稼働状況を把握するセンサーと、計測値をまとめて表示する機器を設置する
　　　　　　　　　　　　　　・異常発生の実績(時点測定値、傾向値)から判断基準を見直す方法を決める　・・・

期待効果　・製造装置の稼働状況の確認時間の短縮：(現状)〇時間/日 → (目標)△時間/日
　　　　　　・製造装置の異常発生による停止時間の短縮：(現状)□時間/週 → (目標)◇時間/週　・・・

（15）先行取り組み施策判定表　ステップ4　課題解決策の立案

分類	No.	解決策の名称	期待効果		仕組みの実現性		先行取り組み施策	備考
			内容	評価	内容	評価		
完成品製造	1	組立作業手順の詳細化による進捗遅れの削減と早期発見	作業遅延時間の削減 （現状）○時間/日 （目標）△時間/日 不良発生の予防 （現状）□個/日 （目標）◇個/日	大	・作業の内容・方法に関する映像等ナビゲーションは、汎用的な技術で実現できる ・作業手順の詳細化は、ベテランのノウハウを形式化・データ化するため、難易度が高く、時間・工数も要する	低	○	特定の製品・作業工程を先行取り組み範囲として推進し、他へ順次展開する
	2	製造装置の稼働状態の自動監視による突発停止の未然防止	稼働状況確認時間の短縮 （現状）○時間/日 （目標）△時間/日 製造装置停止時間の短縮 （現状）□時間/週 （目標）◇時間/週	大	・センサー、無線機器などの主な機器については、候補製品に目途がたっている ・センサーと組み合わせられる比較的安価な可視化・分析ツールも多い	高	○	複数の機器・ツールでトライアル検証を行い、選定した機器・ツールを全面展開する
	3	完成品外観検査の自動化による、検査の効率化と納期短縮	検査スピードの向上 （現状）■件/時間 （目標）◆件/時間	中	・AIを使って画像判定をする技術はまだ確立されていない ・自社の主要製品の検査項目から、判断ロジックを明確にし、システム化、適用検証することが必要	低		
半製品製造	4	…	…					

（18）新業務フロー図　　　　　　　　　ステップ5　デジタル化要件の整理

対象業務機能 稼動状況管理　　　**業務場面** 完成品製造で使用する設備の状況管理

業務機能	稼働状況確認	異常発生基準設定	異常発生判断	異常時対応

作業担当者

加工実施　　　　　　　　　　　　　　　　　　　　　　　　　修繕内容の確認

設備担当者

加工結果　　稼働状況の把握　　　分析結果の確認　　異常基準の見直し　　異常検知　　製造装置の確認　　修繕内容の検討　　製造装置の修繕

稼働状況　　　異常原因（仮説）　　異常発生基準　　アラート　　過去の稼働実績 修繕履歴

システム

稼働状況蓄積　　異常実績分析　　異常基準管理　　アラート発報　　　稼働実績 修繕履歴 提供

229

（19）新システム機能整理表　　ステップ5　デジタル化要件の整理

対象業務機能 稼動状況管理　　**業務場面** 完成品製造で使用する設備の状況管理

業務機能 第2階層	業務機能 第3階層	システム化内容	システム機能	サブシステム
稼働状況 確認	稼働状況 蓄積	・製造装置に設置した温度、振動、電流セン サーから、稼働状況を収集し蓄積する	・稼働状況収集・蓄積機能	稼働状況管理 システム
	稼働状況の 把握	・蓄積した稼働状況の現状値と傾向値をまと めて、設備担当者に提供する	・稼働状況参照機能	稼働状況管理 システム
異常発生 基準設定	異常実績 分析	・異常発生実績を分析し、異常発生原因の 仮説を導出する	・異常発生実績分析機能	異常実績分析 システム
	分析結果の 確認	・システムが分析した異常発生の仮説を、設 備担当者に提供する	・異常原因（仮説）参照機能	異常実績分析 システム
	異常基準の 見直し	・異常原因の仮説を基に、設備担当者が異 常発生（アラート）基準を設定・修正する	・異常発生（アラート）基準 設定機能	異常基準情報 管理システム
	異常基準 管理	・異常発生（アラート）基準の設定値、変更履 歴を管理する	・異常発生（アラート）基準 管理機能	異常基準情報 管理システム
＊＊＊	＊＊＊	＊＊＊	＊＊＊	＊＊＊

（20）新システム処理記述表　

サブシステム　稼働状況管理システム

機能概要　製造装置に設置された温度、振動、電流センサーから稼働状況を収集し、設備担当者へ製造装置別の稼働状況（現状値、傾向値）を提供する

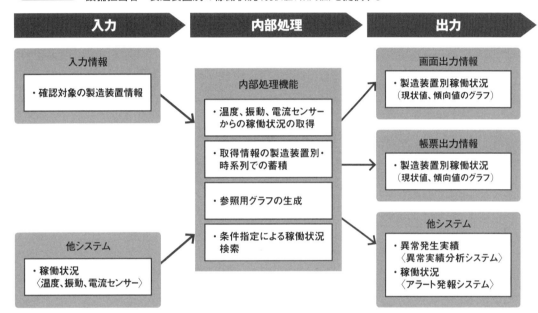

（21）新論理データフロー

ステップ5　デジタル化要件の整理

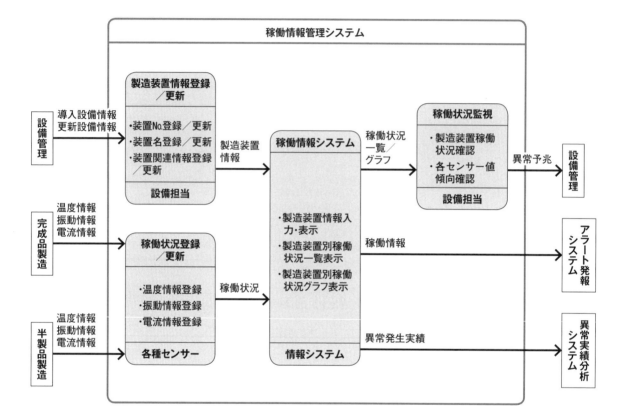

サブシステム 稼働状況管理システム

<table>
<tr><td rowspan="10">出力情報</td><td>装置
一覧</td><td colspan="8">装置基本情報（抜粋）</td></tr>
<tr><td></td><td>装置No.</td><td>装置名称</td><td>メーカー名</td><td colspan="2">メーカー型番</td><td colspan="2">メーカー装置名称</td><td>管理責任者</td></tr>
<tr><td rowspan="2">装置
基本
情報</td><td colspan="2">基本情報</td><td colspan="3">メーカー情報</td><td colspan="3">導入・メンテンナンス情報</td></tr>
<tr><td>装置No.</td><td>装置名称</td><td>メーカー名</td><td>メーカー
型番</td><td>メーカー
装置名称</td><td>導入
年月日</td><td>管理
責任者</td><td>管理
サイクル</td><td>…</td></tr>
<tr><td rowspan="2">稼働
状況</td><td colspan="2">基本情報</td><td colspan="3">温度情報</td><td colspan="2">振動情報</td><td>電流情報</td></tr>
<tr><td>装置No.</td><td>装置名称</td><td>取得日時</td><td>取得値</td><td>閾値</td><td>取得日時</td><td>取得地</td><td>閾値</td><td>…</td></tr>
<tr><td rowspan="2">…</td><td colspan="4">…</td><td colspan="4">…</td></tr>
<tr><td>…</td><td>…</td><td>……</td><td>…</td><td>…</td><td>…</td><td>……</td><td>…</td></tr>
<tr><td rowspan="4">入力情報</td><td rowspan="2">稼働
状況</td><td colspan="2">基本情報</td><td colspan="3">温度情報</td><td colspan="2">振動情報</td><td>電流情報</td></tr>
<tr><td>装置No.</td><td>装置名称</td><td>取得日時</td><td>取得値</td><td>閾値</td><td>取得日時</td><td>取得地</td><td>閾値</td><td>…</td></tr>
<tr><td rowspan="2">…</td><td colspan="4">…</td><td colspan="4">…</td></tr>
<tr><td>…</td><td>…</td><td>……</td><td>…</td><td>…</td><td>…</td><td>……</td><td>…</td></tr>
</table>

（23）非機能要件整理表   ステップ5   デジタル化要件の整理

サブシステム 稼働状況管理システム

検討の観点	システム基盤への要望			関連する基盤・技術			検討方法
	要望	評価	達成基準	対象基盤	対象技術	関心事	
性能	既存の無線通信を利用して必要なデータを取得できるようにする	高	通信頻度 毎分10回	収集基盤	無線通信	既存の無線通信がトランザクション頻度・量の増加に対応できるか	技術検証（PoC）フェーズで対応
	設備の状態変化をタイムリーに参照できるようにする	中	ユーザー参照時のレスポンス 3秒以内	活用基盤	タブレット端末	工場で利用実績のある端末を採用する	基本設計で対応
信頼性	高温な製造装置からも必要なデータを取得できるようにする	高	情報取り込み率／データ化率 100%	収集基盤	センサー	装置のどこにセンサーを設置すればデータを確実に取れるか	技術検証（PoC）フェーズで対応
操作性	担当者がどこにいても設備状態を確認できるようにする	中	必要情報へのアクセス時間 10秒以内	活用基盤	タブレット端末	持ち運びや参照に手間のかからない端末を採用する	基本設計で対応
運用性	センサーの保守作業や電池交換などに、極力、手間がかからないようにする	中	センサー稼働期間5年	収集基盤	センサー	長期間稼働が可能なセンサーを選定する（稼働実績、電池など）	基本設計で対応
セキュリティー	工場の機密情報（製品,工程,生産性··）が絶対に漏洩しないようする	高	情報漏洩事故 0件	収集基盤 蓄積基盤	センサー データ レイク	各基盤・技術のセキュリティーポリシー・暗号化などの技術で対応できるか	技術検証（PoC）フェーズで対応
移行性	・・・						
保守性	・・・						
拡張性	・・・						

（26）DX推進計画

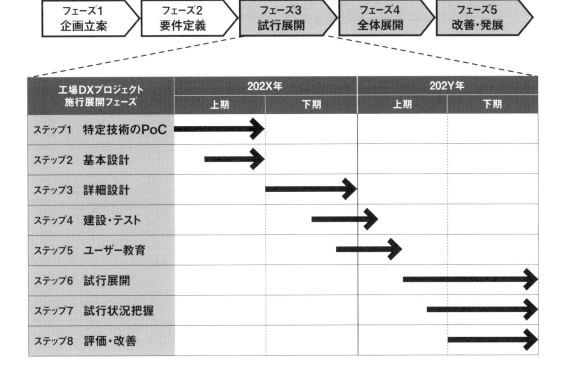

ステップ6　DX推進計画の立案

| フェーズ1
企画立案 | フェーズ2
要件定義 | フェーズ3
試行展開 | フェーズ4
全体展開 | フェーズ5
改善・発展 |

工場DXプロジェクト 施行展開フェーズ	202X年		202Y年	
	上期	下期	上期	下期
ステップ1　特定技術のPoC	➡			
ステップ2　基本設計	➡			
ステップ3　詳細設計		➡		
ステップ4　建設・テスト		➡		
ステップ5　ユーザー教育		➡		
ステップ6　試行展開			➡	
ステップ7　試行状況把握			➡	
ステップ8　評価・改善			➡	

（27）リスク想定シート

対象業務・システム	想定されるリスク				リスクの発生原因	予防対策	発生時対策	
	リスク内容	重大性	可能性	評価			対策内容	タイミング
完成品製造での組立作業と進捗・品質管理	詳細な作業手順や動作のデジタル化が進まない	大	中	○	・デジタル化が必要な作業や動作が多い ・デジタル化に熟練作業員の協力が得られない	・デジタル化する作業や動作を洗い出し、優先順位を付ける ・デジタル化に対し、熟練作業員から協力を取り付ける	・デジタル化した範囲の作業、動作から順次実行する	詳細設計の着手前
	マニュアルを参照して作業した結果、効率が低下する	中	高	○	・マニュアル化した内容が理解しにくい ・マニュアルを参照するのに手間がかかる	・一般の作業員に分かりやすくマニュアル化する ・マニュアルを見やすい場所、方法で提供する	・効率の低下した作業を明らかにして、マニュアルの内容、表示場所、方法を見直す	施行状況を把握した後、即時
完成品製造で使用される装置の稼働状態管理	高温な製造装置から情報が取り込めない	小	中	○	・情報を取り込むセンサーの性能、信頼性が不十分	・PoCで情報の取り込みやデータ化の性能、信頼性を十分に検証する	・情報が取り込めない装置のみ従来のやり方で状態を把握する	施行状況を把握した後、即時
	集めたデータからウイルスが侵入し、システム障害が起きる	大	低	○	・システムのセキュリティーガードが弱い ・ウイルスの侵入が早期に発見できない	・PoC、テストでウイルスの侵入・拡大防止策を十分検証する ・新しい仕組みにウイルスの侵入を検知する施策を組み込む	・ウイルスの侵入が発見された場合、即座にシステムを停止する	試行展開の開始時

おわりに

　2021年現在、「DX（デジタルトランスフォーメーション）」というキーワードが、たいへんな注目を集めています。ITの専門誌だけでなく一般の雑誌でも紹介され、テレビのニュース番組やコマーシャルにも取り上げられています。

　筆者が初めてDXというキーワードを耳にしたのは2017年のことです。当時、お客様から「DXに取り組みたい」とご相談されることは、ほとんどありませんでした。翌年の2018年、ようやくお客様からDXのご相談が来るようになりました。そして2019年、DXの相談が頻繁に来るようになり、その後継続して増え続けています。

　筆者は2018年以降、DXプロジェクトを中心にお手伝いするようになりました。自身が興味を持っていたこともありますが、従来のシステム化との進め方の違いが分からなかったのでベテランが担当する必要があったためです。

　DXプロジェクトを担当する中で、従来のシステム化との違いを少しずつ理解しました。事業部門にデジタル技術の知見が足りないため、課題の解決策をこちらから提示する必要がある、現場直接業務の変革を行うことが多いため従来以上に事業部門とのコミュニケーションが難しい——などです。筆者は同僚と一緒に、DXを成功させるための考え方や進め方のノウハウを整理することにしました。

　そのような取り組みをしている2019年の秋、日経コンピュータ編集部の中山秀夫さんから、「DXの考え方、進め方についての連載を寄稿してほしい」との依頼を受けました。それは、DXの推進ノウハウの整理を進めていた筆者にとって大変に嬉しいお誘いでした。

　DXは短期間でブームになったこともあり、それが何を意味するのか、何を実現することなのかについての認識は人によって様々です。そこで、日経コンピュータの連載では「企業がDXで業務を変革する」場面に絞って、推進の考え方や進め方を寄稿しました。

日経コンピュータの連載は2019年12月号から2021年3月号までの17回にわたって続けました。おかげさまでご好評をいただき、このたび書籍にまとめる機会を得ました。本当にありがたいことです。

　書籍化にあたっては、連載の期間中に得た新たなノウハウなどを基に、連載で書いた内容を大幅に加筆・修正しました。特に、Chapter5で掲載した業務変革型DXの成功事例は本書の書き下ろしです。

　本書の内容が、読者の皆さまが業務変革型DXに取り組む際に少しでもお役に立てば、これ以上うれしいことはありません。

　このような機会を与えてくださった中山さんをはじめとする日経コンピュータ編集部の方々には大変に感謝しております。

　また、Chapter5を執筆するための取材に快くご協力いただいた、京セラドキュメントソリューションズの岡村秀樹さん、京セラドキュメントソリューションズジャパンの岩﨑洋一さん、日立製作所大みか事業所の藤田幸寿さん、大津英司さん、佐々木隆哲さん、日立製作所関西支社の北村直人さんには、この場を借りて厚く御礼を申し上げます。

　そして、本書の基になった連載や書籍化で執筆を分担してくれた長年の友人であり共著者の福永竜太くん、調査や資料作成を手伝ってくれた後輩の弓削輝幸くんには最高の賛辞を送ります。

　最後に、2021年4月に他界した父の榮久にも御礼を言わせてください。これまで自由でわがままな生き方を応援してくれて、本当にありがとう。

2021年6月

日立コンサルティング

水田 哲郎

著者紹介

水田 哲郎（みずた てつろう）

日立コンサルティング
理事 グローバル・ビジネスコンサルティング事業部 事業部長

1990年、日立製作所入社。以来、要件定義やシステム企画の方法論の開発・普及、コンサルティング業務に従事。近年はDXプロジェクトを中心に担当。現在、コンサルティング業務と並行して、ユーザー企業のシステム部門やITベンダーで研修講師を務める。2006年に日立コンサルティングに出向し、2007年に転属。2019年より現職。著書に『手戻りなしの要件定義 実践マニュアル』、『誰も教えてくれなかったシステム企画・提案 実践マニュアル』、『演習で身につく要件定義の実践テクニック』、『「なぜ」で始める要件定義』（いずれも日経BP）などがある。

福永 竜太（ふくなが りゅうた）

日立コンサルティング
グローバル・ビジネスコンサルティング事業部 ディレクター

2003年、日立製作所入社。以来、製造業・流通業の企業向けにSCM、CRM、基幹業務領域の要件定義、システム企画、プロジェクト推進を支援するコンサルティング業務に従事。近年は、製造、物流、保守サービス業務を対象とした業務変革型DXを中心に担当している。2006年に日立コンサルティングに出向し、2010年に転属。2019年より現職。2018年、ライノス・パブリケーションズ発行の「月刊ロジスティクス・ビジネス」で、SCM／ロジスティクス領域を担当する日本のトップコンサル52人の1人に選出される。

確実に成果を出す
「業務変革型DX」の進め方

2021年6月21日　第1版第1刷発行

著　　　者	水田 哲郎、福永 竜太	
編　　　集	日経コンピュータ	
発　行　者	吉田 琢也	
発　　　行	日経BP	
発　　　売	日経BPマーケティング	
	〒105-8308　東京都港区虎ノ門4-3-12	
装丁・制作	マップス	
印刷・製本	図書印刷	

©Tetsuro Mizuta, Ryuta Fukunaga 2021
ISBN978-4-296-10973-9　Printed in Japan